U0395894

写给中小学生的

法布尔昆虫记

第 6 卷

绝妙的歌者

（法）法布尔（Fabre, J.H.） 著

余继山 编译

上海科学普及出版社

图书在版编目（CIP）数据

写给中小学生的法布尔昆虫记. 第六卷，绝妙的歌者 /（法）法布尔

（Fabre，J.H.）著；余继山编译 . — 上海：上海科学普及出版社，2017.5

ISBN 978-7-5427-6840-7

Ⅰ . ①写… Ⅱ . ①余… Ⅲ . ①昆虫学－少儿读物 Ⅳ . ① Q96-49

中国版本图书馆 CIP 数据核字 (2016) 第 257794 号

责任编辑　刘湘雯

写给中小学生的法布尔昆虫记

第六卷　绝妙的歌者

（法）法布尔（Fabre，J.H.）著

余继山 编译

上海科学普及出版社出版发行

（上海中山北路 832 号 邮编 200070 ）

http://www.pspsh.com

各地新华书店经销　三河市同力彩印有限公司

开本 787×1092 1/16 印张 10.75 字数 210 000

2017 年 5 月第 1 版　2017 年 5 月第 1 次印刷

ISBN 978-7-5427-6840-7　定价：28.00 元

前 言

《昆虫记》是法国著名昆虫学家、科普作家法布尔的代表作。法布尔从小就对自然界和昆虫世界表现出了浓厚的兴趣，立志做一个为昆虫写历史的人。他经过20多年的观察研究和资料搜集，将昆虫的专业知识与人文情怀结合在一起，最终写成了昆虫的史诗《昆虫记》。

《昆虫记》全书共分为10卷，概括性地阐述了各类昆虫的种类、特征、生活习性及生殖繁衍情况。书中，作者将自己的人生经历与纷繁复杂的昆虫世界联系在一起，用清新自然、诙谐幽默的语调，向读者讲述了一个又一个关于昆虫的故事，内容不仅包含丰富的知识性，并且极具趣味，是一部不可多得的长篇科普文学巨著。

法布尔在描述昆虫时，常常用人性的眼光去看待它们，评判它们，内容充满着哲学意味的思考，字里行间透露出对生命的尊重与热爱。作者在讲述昆虫筑巢、觅食、工作、交配、生殖繁衍等生命活动时，常常浸透着人性的思考。通过阅读这套书，小读者不仅可以读到一个妙趣横生的昆虫世界，而且能通过对这些现象的了解，探究到昆虫背后的秘密，解开一个又一个有关昆虫的谜团。

本套丛书是专门为中小学生打造的，在充分尊重原著的基础上，用流畅、通俗易懂的语言向小读者们讲述了各种昆虫趣事，使小读者们能够无障碍地进行阅读。书中还配有大量精美的昆虫插图及活泼俏皮的文字解说，辅助小读者更好地理解其中的内容。现在，让我们一起走进法布尔笔下的神奇昆虫世界，去体会和了解这个不一样的，充满奥秘的世界吧。

目 录
contents

第三章
绝妙的歌手——螽斯

第四章
植物的杀手——距螽

第五章
绿色的精灵——蝈蝈

第六章
素食斗士——蟋蟀

第七章
三光魔术手——蝗虫

第八章
千丝昆虫——松毛虫

第九章
奇特的毛虫世界

第一章
超级粪面包师
——蜣螂

昆虫档案

昆虫名：蜣螂

绰　　号：屎克郎，圣甲虫，有"自然界清道夫"的称号

身世背景：全世界大约有 2300 多种，生活在除南极洲以外的任何大陆

生活习性：大多数蜣螂以动物粪便为食，常常将粪便制成球状来繁殖后代

绝　　技：它可将粪便变成球形，将卵产在球状粪便上并掩埋，卵孵化后便有现成的食物供应

武　　器：口器和三对适合开掘的足

 ### 安吉尔和玛丽的爱情

我们发现赛西蜣螂和绝大多数昆虫有很大的不同。一般来说，绝大多数昆虫养育幼虫的方式都很粗放，它们为刚出生的幼虫提供饮食和居住的场所，或者让幼虫自己找合适饮食的场地，这些都不需要父母的帮忙。而赛西蜣螂夫妻却很重情义，它们一起为子女安排起居饮食，等到子女成家立业时，还会为子女准备一份嫁妆。它们不仅知道怎样分担繁重的家务，也知道两只虫子合作的力量是巨大的。拥有这些习俗的虫们，可以称得上是上等家族。当然，在履行义务上做得最好的要数鸟类，其次就是长着毛皮的动物了。

春光灿烂，万物复苏，赛西蜣螂安吉尔正在忙碌着。虽然安吉尔的

蜣螂是自然界的清道夫，它们大多数以动物粪便为食。

个头很小，但在粪球推运中还是相当敏捷。有时候，安吉尔会从崎岖难行的路上滚下去，这个时候，它又显得十分笨拙。为了纪念这种十分耗费体力的动作，拉特雷依给这种昆虫起名"西绪福斯"。现在，安吉尔就像是希腊神话中的"西绪福斯"。而"西绪福斯"是希腊神话里人物，他为了搬运一块巨石到山顶，拼尽全力地劳动。令人遗憾的是，这块石头刚被运到山顶，又滚下来了。可怜的西绪福斯只能机械地重复着搬运动作，这就是悲剧式的英雄行为，虽然坚韧却没有结果。或许安吉尔现在也是一个悲剧式的英雄，但不同的是，安吉尔最终把它的粮食运回了家。

大概在五月初的时候，安吉尔和玛丽举行了隆重的婚礼。安吉尔和玛丽的双亲为它们用绿草和花瓣布置好婚房，食品橱里放了许多甜糕饼。它们建立了自己的家庭，不久，六个赛西蜣螂宝宝出世了。它们又开始不辞辛劳地揉面做饼，烘烤面包。它们的前足就是一把大切面刀，在食品加工厂，不断地用刀从大粪球上切下一小块一小块的面料。它们不用滚压机，只用双手就能揉出浑圆的面包小球，这点和著名的技师圣甲虫一样。安吉尔和玛丽技艺超群，虽然搬运过程中要不断变换地方和支撑点，但它们仍然能够迅速地把那些粪面包料雕成圆球体。为此它们引以为荣，因为它们都遗传了先辈们精通几何的因子，了解如何使食品长期保留最佳形状的方法，并在实践中发挥得完美无缺。

粪面包小球很快就准备妥当了，接下来要不断地加厚小球的容积，以保证面包的内部不会因蒸发过快而变质。开始运输面包了，玛丽的身子笨重，于是，它只能把身子套在车子上座的前面，长长的后足放在地上，前足则放在面包小球上。它一边后退，一边把粪面包小球拉向自己。安吉尔则在相反的位置，头朝向地面，把面包小球往后面推。这种方法技师圣甲虫也常用，虽然圣甲虫和赛西蜣螂属于不同的科目，但它们的协同合作精神却是相同的。安吉尔和玛丽的双亲曾用套车运送嫁妆为它们成婚，而雄雌圣甲虫只会合作运输日常食品，以便在一起生活时食用。如果偶然相遇，圣甲虫也会合作，只要交配完成，还没等到幼虫出生，雄圣甲虫就不

万物复苏的春天，蜣螂们都忙碌了起来，它们在崎岖的路上奋力地推运着粪球。

蜣螂夫妇正在合力将粪球运回家，它们坚强地迎接着路上的一个个考验。

辞而别，由雌虫独自哺育后代。它们的目的是绝然不同的。在这点上，赛西蜣螂比圣甲虫更有人情味。

安吉尔和玛丽曾是一对青梅竹马的好伙伴，它们一起受过非常艰苦的攀爬钟形网罩的训练，那是一种超强度的训练！年轻的玛丽用后足牢牢地抓住金属网的网眼，把训练用的小粪球抱起来，这时，球与它的身子一起悬空。而年轻的安吉尔手足抱着小粪球，将整个身体贴在小粪球上，靠着双足的力量抓紧球体，像钟摆一般悬空荡着，这种近乎杂技一样优美的姿态让玛丽为之倾心，或许是那一刻，玛丽爱上了安吉尔。看到玛丽温柔的眼光，安吉尔十分得意，因为用力过大，坚持不住了，它和小粪球一起摔下去。玛丽悬在金属网上面，看着狼狈的安吉尔笑了，为了再一次抓住小粪球，玛丽立刻垂直跳下来。然后，它们又重新开始了又一轮的攀登训练。它们一直这样跌落、爬起来，爬起来、再攀登，赛西蜣螂的血统里拥有从不轻言放弃的毅力。

现在，安吉尔和玛丽要把粪面包小球运回家了。它们倒退着行驶，通过高低不平的地面，为了节约时间，它们并不刻意地绕过这些障碍。它们相信，凭着当年训练中的合作精神，一定能顺利克服障碍，到达目的地。

即使是在平地运输，也并不总是一帆风顺的。遍地的沙砾往往阻碍运输车正常前进，安吉尔和玛丽也会因此栽跟头。因为被阻碍，从而消耗了大量的体能，它们常常累得两腿不停地颤抖，车子翻了，身子也悬空了。这都没有关系，它们会重新站起来。它们会再一次与粪面包小球成为一个整体，坚强地迎接一次次的碰撞、冲击、跌跤、颠簸，像其他的赛西蜣螂夫妇一样，在路上行走一个小时又一个小时，一直到把粪面包小球运回家。

安吉尔和玛丽把粪面包小球运回来了。这时候，玛丽必须去寻找一个合适的地方，而安吉尔此时的任务是守护粪面包小球。当安吉尔觉得有些闷时，它会把粪面包小球立在后腿之间迅速地转动，好像在用这个珍贵的小球玩杂耍。在它看来，双腿上蹬着的粪面包小球是非常完美的，它的快乐也随着双腿的转动持续着。此刻，安吉尔一定想到了自己美满的婚姻，想到了孩子们将会有的美好未来，想到了"这块浑圆的面包是我为孩子们做的，它们一定会喜欢"。作为一个勤劳的赛西蜣螂，它觉得自己很崇高。

在安吉尔在幻想的时候，玛丽已经找到了合适的场所，并挖掘好一个坑，这也是巢穴的奠基典礼。此刻，安吉尔从愉悦中清醒过来，它保持着警惕，寸步不离地守护粪面包小球。曾经，玛丽在挖掘巢穴时，因为安吉尔的疏忽大意，结果，它们辛苦运输来的粪面包小球被强盗小飞虫给抢走了。所以，安吉尔不会再掉以轻心了。现在，玛丽回到粪面包小球边，它们将粪面包小球带到了巢穴附近。然后，玛丽又用足和额头继续挖掘。

终于，洞穴又一次扩大了，已经能容纳两个小球。它们将粪面包小球放进洞窝里，小球的一半已经插进像盆子一样的粗坯里。玛丽在下面拖拉，安吉尔为了防止泥土崩塌，就在上面做减速运动，这一切都十分顺利。然后，它们继续挖掘，洞巢继续深入，整个过程中它们都是小心翼翼的。这对赛西蜣螂夫妻，一个拖拉粪面包小球，另一个在调节降落的速度，并把阻碍降落的物体逐个清除掉。一段时间以后，粪面包小球随同玛丽和安吉尔的身影，一起消失在巢穴里。

当安吉尔独自爬出巢穴时，太阳已经下山了，它的玛丽还留在巢穴里，玛丽还有许多事要做，这点它是帮不上忙的。现在它要彻底地轻松一下，便在离巢穴不远的沙土里休息了。第二天一早，玛丽才走出巢穴，安吉尔也醒了。于是，这对夫妻又团聚了。为了恢复元气，它们先到粮堆里吃些东西，然后，从粮堆上把第二块粪料切下来。夫妻俩开始了再一次的合作，第二块粪料将被制作成粪面包小球，然后被运输入仓，作为以后的食物。

　　安吉尔对玛丽是忠贞不二的。我敢肯定"忠贞"是它们的行为准则。它不像邻居赛西蜣螂本森，本森是个朝三暮四的家伙，它曾在一块大粪饼下面混日子，把第一个面包坊的女老板忘得一干二净，却专心为另一次艳遇的女主人劳作。当然，正因为安吉尔和玛丽有忠贞的爱情，它们的又一批孩子要诞生了。

　　安吉尔和玛丽确实很相爱，它们也不像圣甲虫。圣甲虫也会心甘情愿地与配偶合作，共同制作粪球。然而合作归合作，它们制作好的粪球是不会留给孩子和妻子的，它们只是在为自己储备口粮。它们各自挖掘洞穴，各自储存粮食，雄圣甲虫是不会去给筋疲力尽的雌圣甲虫提供哪怕一丁点儿帮助的。和赛西蜣螂安吉尔和玛丽相比，圣甲虫的爱情和家庭观差得太远了。

蜣螂将粪球拖入洞中，并将它们储存起来，作为今后的食物。

现在，安吉尔和玛丽的又一批孩子要诞生了。它们制作了第六个巢穴。小窝不是很深，也比较狭窄，就够玛丽围绕着小球转动。因为小洞太狭窄了，所以安吉尔不能在这里停留太长的时间。作坊准备妥当以后，它就会退离，以便让玛丽在里面自由活动。

现在，安吉尔与玛丽的地下巢穴里有一个粪面包小球，堪称造型艺术的杰作。它看上去小巧玲珑，就好像是微缩小梨。这个小梨很小，最大直径为 12～18 毫米，表面很光泽，弧度很优雅。只有掌握精湛技艺的食粪虫，才能创造出这么漂亮的产品。但是，这种完美状态持续的时间非常短暂，很快小梨上就会覆盖上很多黑色肉瘤，表面也会被一个丑陋的外壳遮住。这些粗俗不堪的结节到底是从哪里来的呢？因为安吉尔和玛丽的孩子像其他食粪虫一样，身子弯曲成钩状，背着一个巨大的包囊。这是排粪较快的昆虫幼虫的特征。为了堵塞食品室偶然出现的天窗，要喷射含粪的胶。所以，那些优雅的小梨就变得丑陋不堪了。

安吉尔和玛丽共同培养的孩子在慢慢长大，有的时候，你会发现小梨表面的某个部位变得湿润了，并且软软的、薄薄的。然后，一个暗绿色的新芽在一块不太坚固的隔板间升起来，又很快倒下去，变得扭曲，最后形成一个瘤，在干燥的环境下，颜色也变成黑色。

到底发生了什么事情呢？原来呀，又是几个顽皮的孩子在小梨的内壁上打开临时的缺口，它们通过一张薄纱的通气窗，越过围墙去排便。就这样，家里那些无法使用的过剩的黏胶就被排到小梨之外了，也给小梨安上了肉瘤的阴影。为了不扰乱孩子们的安全生活，玛丽很快会把天窗堵住，它的抹刀不断地给小梨增加压力，小梨因此会变得越来越紧。小梨鼓凸的圆肚上会留有洞孔，因为有这样一个长塞子，储存的粪面包小球里面的粮食仍然会很新鲜，却不会有积聚大量干燥空气的危险。

赛西蜣螂安吉尔和玛丽努力处理好一切工作，一段时间后，它们便离开巢穴。它们必须坚决地离开，否则，孩子们不可能学会独立生存的能力。孩子们会依赖它们留下的食物快速长大，在温和的四月和五月，长大

到了每年的四五月，长大了的蜣螂幼虫们纷纷
爬出巢穴，开始为了粮食而劳作。

了的赛西蜣螂孩子开始走出巢穴，也开始去为粮食劳作了。

　　七月上旬，在可怕的酷暑时节来临之前，它们就把巢穴的壳打碎，然后开始开辟新的住宅。

　　在秋天的欢乐时光里，它们快乐地享受短暂的凉爽，孩子们会一起看望父母安吉尔和玛丽。在这之后，随着冬天的到来，和所有食粪虫一样，它们又将退隐到地下。

　　当春天重新苏醒的时候，这些食粪虫孩子们，将会像它们的父亲安吉尔和母亲玛丽一样，在阳光下欢庆，新一代的赛西蜣螂又将诞生。这是赛西蜣螂生命的接力，也是赛西蜣螂安吉尔和玛丽爱情的延续。

 ## 小汤姆和吉斯的约定

　　春天，乡野的田间，绚丽多姿的藏红花和仙客来在香桃木的掩映下竞相开放，小鸭子在水塘里欢快地游泳。

月形粪蜣螂小汤姆走出家门，配戴着它最喜欢的奇异装备。它前额有角，前胸的中央也有成套的细圆齿状叶边的凹槽，肩部还有戈戟样的矛头和新月形的槽口，这些月形也是它们的标准装备，拥有这种装备，小汤姆就像西班牙斗牛士一样威武。和许多出类拔萃的雄性昆虫一样，它是一个拥有强大装备的游戏高手。当然，月形粪蜣螂的身材不是很高大，这点是不能与西班牙烘蜣螂相比的。不过它们的喜好却有相同之处，比如它们都很随意，对气温要求都不是很苛刻。

小汤姆喜欢这片潮湿的土地，喜欢这个牧场，没有这个牧场它便无法得到丰富的食料。牧场南边有一大片灌木丛，那里住着一个叫艾拉的姑娘和它的父亲，那姑娘经常用小雨伞的尖顶撬开小汤姆做的牛粪面包的包装套。小汤姆和另外五个兄弟姐妹，就是四月份的时候被这个姑娘邀请到这个牧场的。因为艾拉的真诚，隔壁婶娘的几头母牛能定时为它们造牛粪烘烤饼。应艾拉的邀请离开了家乡，小汤姆倒是一点儿也没背井离乡的感觉，也极少满怀乡愁。虽然牛粪饼庇护所有些神秘，它们却在里面一如既往地生活。

六月，一个没下雨的日子，小汤姆为了装修家里的厅堂，开始准备装修材料，在运输途中，它遇到了野牛粪蜣螂吉斯，吉斯长得身强力壮，一次偶然的相遇，使它们成了好朋友。小汤姆要装修家里的厅堂，而吉斯也是个建筑师，并且也准备翻修巢穴。或许是因为有同样的目的，它们便相约在下一次聚会时，各自展示自己的杰作，并请食粪虫们来评判优劣，输的一方罚给赢的一方两个粪面包。这只是私底下制定的比赛，也没有什么细节规定，当然，主要是朋友间的约定哦。

因为有了约定，小汤姆在忙碌家里活计的同时，一有时间就进行测量，然后设计方案。这个时候，它不希望有艾拉姑娘的光顾，虽然它只是来探视，偶尔挑破粪面包的包装套，很少会损坏正在装修的厅堂。但小汤姆不希望强烈的阳光烤坏了牛粪面包的外壳，因为妻子刚产下的虫宝宝正在发育成熟呢。

野牛粪蜣螂吉斯在偶然的机会与月形粪蜣螂小汤姆
相遇了，它们很快成了朋友。

　　小汤姆在考虑自己住宅内部的陈设，因为所有陈设一定得与住宅夸张的外形相匹配，这才符合小汤姆的性格。所有这些，它没有和妻子讲过，它不想让妻子分心，因为孩子们就很让妻子头痛了。小汤姆依然按部就班地运输和储存食物，迎接新生命的到来。

　　六月中旬，在野牛粪蜣螂的家里。吉斯与妻子也在绵羊提供的一大堆粪面包下面，开始了运输通道的整修工作。吉斯身子矮矮的，壮壮的，腿有些短，且呈厚实的矩形，做起体力活来却一点儿不含糊。一条直径大约有一根小树枝粗的垂直通道半开着，这条通道就好像是一眼水井，底部分布着 5 个小洞，每个小洞里放一个粪面包。这些粪面包有点像是粪金龟做的香肠，只是短小些，表面有圆形的结，是刚刚从孵卵室里挖掘出来的。孵卵室是一个圆形的小房间，墙面涂着一层渗出的半流质的液体。那些安置在室内的卵有着椭圆形的脑袋，长着白胖的身子。吉斯的孩子也要出生了，作为父亲它和小汤姆一样，在不辞辛苦地劳作，努力为孩子们创造一

个舒适的生存环境。

吉斯跟小汤姆一样，偷偷利用休息时间翻修房子。它家这个水井一样的通道，从上到下都是畅通无阻的，吉斯在通道的内壁上涂上了一层光粉涂料，涂料其实就是制作香肠用的料粉。这样做是为了防止频繁的上下移动而引起的崩塌。粉光层的厚度有1毫米多，并且连成了一片，十分光滑。这项工程的耗费虽然不大，却产生了非常好的效果。粉光层将泥土牢牢地固定在井壁上，从而起到了防水防漏的作用。

吉斯在用牛粪遮蔽住宅。它的妻子却忙于一层一层地制作香肠。这种香肠并不十分整齐匀称，也不是很完整，却是这个家庭以后生活的储备粮。

一个月后，小汤姆家的食物储藏室已经彻底更新，粪面包小球储备量足够多了。于是，小汤姆又不得不把储藏室扩大了，看起来非常宽敞的储藏室现在被塞得满满的。除此之外，房间的天花板和内壁的一部分面积还铺了一层牛粪。一直以来，小汤姆与妻子在里面整天忙忙碌碌，小汤姆患有对声音和光线敏感的恐惧症，一旦有光线射入，便急急地通过走廊迅速隐藏起来，妻子常为此取笑它。每当有声音和光线侵入时，妻子总是一动不动地蹲在心爱的小球上守护着，虽然面对突如其来的变故，它也会有些惶恐不安，但是孩子和食物都需要被保护。事情发生后，小汤姆的不稳重表现很让妻子不满。还好，太阳光能为食粪虫孵卵，所以小汤姆的妻子不需要经受长期孵化的疲劳，也不必为了食物操心。因为在挖掘住宅和积累财富等方面，小汤姆的作用是非常明显的，这点又让妻子相当满意。小汤姆的妻子会把圆形的大面包切成一份份的口粮，不断地对小球进行加工、磨光，用心地看管食物，当然这只是它干的细活。

应该说小汤姆与妻子一起在监护着幼虫宝宝，这个事实很好地证明了，一个勤劳的父亲对一个家庭的重要性。在这点上，小汤姆的妻子还经常拿自己的家与它的远亲西班牙粪蜣螂家族作比较，当看到自己的孩子众多而食物又很丰富，并且小汤姆又忠厚老实，对它关爱有加时，它确实心满意足了。

月形粪蜣螂夫妻整天都忙忙碌碌的，妻子总爱一动不动地趴在心爱的粪小球上守护着它。

刚刚送走了来拜访的远亲西班牙粪蜣螂一家，妻子便忙家务去了。小汤姆开始修理有点破损的通道。它觉得自己这里的环境与西班牙粪蜣螂所居住的环境有很大差异。这里有大量的牛粪圆面包，那简直就是取之不尽、用之不竭的丰裕粮仓，为子孙后代的兴旺发达提供了保障。除此之外，宽大的住宅也是月形粪蜣螂兴旺发达的原因之一。小汤姆精于设计住宅，仅仅对拱顶的设计就十分大胆，这让它们的住宅能够遮护住大量的粮食。与之相比，妻子的远亲西班牙粪蜣螂的洞穴总是比较狭窄，能够储存粮食的数量自然就无法与自己的粮仓相比了。粮食就是命脉，粮食决定了子孙后代的繁衍品质。

天有不测风云，一场意想不到的浩劫降临了小汤姆的家。时间就是在西班牙粪蜣螂一家专程来拜访的一星期以后，小汤姆的家被洗劫一空。突然其来的打击，让小汤姆顿感天崩地陷，妻子因为失去了孩子，痛苦地晕倒在地。可是，为了未来，为了让空荡荡的小屋变得充满生机，它们不得不重新振作精神。但酷暑时节已来临了，因为这个时期太热、太干燥，它们不得不暂时停止劳动，等待九月份的骤雨来解救它们。

九月来临，秋雨送来了凉爽。小汤姆与妻子夜以继日地制作了 13 个粪小球。它们把每一个小球都塑造得非常完美，并在每个里面都放了一个卵。在蜣螂的大事纪年表中，13 是一个从未出现的数字。这个数字比正常的产卵数多了 10 个。这是一种怎样的坚强意志啊！

让人不可思议的是，与此同时，吉斯的家里也受到同样的洗劫，老实巴交的吉斯夫妇也只能从头开始。吉斯的妻子年纪大了，并且体弱多病，到七月中旬的时候，它们做出了 3 个香肠，最后，它们筋疲力尽地完成了 8 个香肠。

因为超负荷的劳作，小汤姆显得更瘦弱，它在深秋一个阳光明媚的上午来到吉斯家。它发现吉斯死在了离家不远的地上，而吉斯的妻子死在了家里的大厅里。小汤姆非常悲伤，原来吉斯一家也受到了这场浩劫的侵袭，这是一场多么可怕的灾难啊！

小汤姆扛着吉斯的尸骨走进通道，它发现吉斯的家已是装修一新了，不管是通道、大厅还是粮仓都井井有条，焕然一新，弯弓形的围墙看上去

月形粪蜣螂小汤姆夫妇刚刚送走了远亲，妻子就马上准备爬回洞里继续忙碌家务了。

就像一个优美的彩虹。在粪质建筑中，这是一项杰作，与从前母牛粪蜣螂所创作的作品非常相似。在弓形墙面的表面有一些细微的结节，这些结节排成同心状，并且像屋顶的瓦片一样一叠一叠。每一个结节都是密封不透气的，围墙上刮好了沙浆。可怜的吉斯并没忘记与小汤姆的约定，只是它再也不可能和小汤姆较量技艺了。

让人欣慰的是，它们的两个孩子活了下来，只是，孩子们成熟得非常缓慢。小汤姆挥泪埋葬了吉斯夫妇，然后，又为吉斯家的屋顶填补了沙土，最后闷闷不乐地回到了自己的家。

九月，骤雨突降，吉斯家的蛹开始变软了，不久，两只长大的野牛粪蜣螂爬上地面。它们的父母用自己的生命，为它们换来了足够的食粮，也换来了它们新生的机会。秋凉刚刚过去，新生的野牛粪蜣螂来到冬季宿营地，当它们再次出现时，已经是第二年的春天了。

小汤姆与吉斯的比赛，最后并没有让众多食粪虫们鉴定，因为输赢已无关紧要，生命生生不息地循环，这才是最重要的。

当看到两个野牛粪蜣螂青年经过自家门口时，小汤姆笑着打招呼：嗨！孩子们，早上好！

九月，野牛粪蜣螂幼虫破蛹而出，慢慢爬出了洞口，新生命开始了自己的活动。

论遗传和天赋

祖辈留给我们的财富很多，但天分不一定是遗传的。你如果细致地观察一下膜翅目昆虫，就会发现，膜翅目昆虫的地位是无可争议的，它给子孙留下了无穷的财富，虽然只是一罐蜜，或只是一筐猎物。人也是如此，在培养孩子的问题上耗费了大量的时间和财力，他们在平凡中不断地挖掘孩子的天赋。不管是虫子还是人，都有一种天生的本能，当从平凡中显出超凡脱俗、出类拔萃时，就被誉为天才。虽然，从本能到天才仅仅是一种转化。

比如，有一个放牧的孩子喜欢摆弄小石头，他总是数来数去，借此排忧解闷，消磨时间。后来他成为一个心算神人，不需要借助任何工具，仅仅只是通过短时间的默算，就能准确计算结果。他的心算迅捷而准确，让人赞叹不已，因此人们都说他有数的天赋。

一个放牧的孩子非常喜欢摆弄小石头，他可以不借助任何工具进行心算，后来，他竟成了一个心算神人。

又有一个孩子，当嬉戏的孩子正在玩弹子、抽陀螺时，他却独处一个角落，倾听心中天籁般的竖琴的声音，那是心灵与自然的合奏。因此，人们说他具有音乐的天赋和才能。

第三个小孩，是一个吃食物时还会被果酱弄脏衣服的小孩，他特别喜欢玩黏土，把它们揉捏成各种形态的动物、人物的小塑像。他会用小刀尖把树根雕刻成假面具，那些做鬼脸的、扮怪相的面具形象确实让人喜爱；他用黄杨木雕成绵羊和马；在石头上雕刻他的狗。因此，人们说他具有形态认知方面的本能和天才。

在人类活动的领域中，比如艺术、科学、商业、工业、文学和哲学等领域，都有拥有异常特质的人，有人说这种特质来自遗传。是的，在我们诞生时，人具备的不同特征都遗传给了下一代，却因为每个人所处的生长环境的差异，加上时间老人的添加和修改，然后，每个人的本能和天才的表现程度就各不相同了。

比如对昆虫的好奇心让我觉察到了自己的才能。我喜好观察虫子，这种嗜好，不仅是我的痛苦，同时也是我的乐趣。

我对外祖父认识不够。听人说，令人尊敬的外祖父，原来是一个贫困市镇的职员。他一生都在困顿中生活和斗争，自然无暇去关心昆虫，即使碰见昆虫，也会把它踩死。而外婆呢，除了自己的家和那串念珠外，其他的一切都与她无关。总而言之，昆虫对外祖父母来说都是没任何意义的东西。我对虫子的嗜好，绝对不是从外祖父母那里遗传来的。

我的祖父母是农民，一生从没翻过书本，他们都很长寿。他们的房子孤独地坐落在金雀花树和欧石楠之间，与外界隔绝。只有在赶集的日子，才有人会赶牛到附近的几个村子去买东西。外界对他们来说只是个谜。

我生活在这个村子里。村子外有一片荒野，到处是沼泽的石灰质低洼地，那里为家牛提供了丰富的牧草。夏天，人们在矮草遍野的坡地上放牧着绵羊。当牧草被剪平时，牧场也就迁移到其他地方了。牧场中央是牧人的茅屋，可以移动的简陋的麦秆搭的棚屋。假如窃贼或者狼夜间忽然从

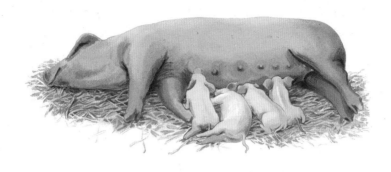

一窝小猪崽吊在母猪的乳房上吮吸着，而母猪却躺
在地上呼噜地叫着

附近的树林来偷袭，两只高大的牧羊犬便会承担起保卫安全的责任。

牛栏里铺着一层牛粪，厚度常常深过我的膝盖。在这里居住的动物
很多，将要断奶的羊羔活蹦乱跳；鹅热闹地吹喇叭；鸡不厌其烦地抓刨泥
土；母猪呼噜呼噜地叫着，卧在地上，一窝小猪崽吊在它的乳房上。

风调雨顺的时候，长满金雀花树的荒野被人们放火焚烧，那些草灰
又变成土地的肥料，在这里将收获黑麦、燕麦、土豆。大麻种植在最好的
角落，它可以为村人提供纺纱、造麻的原料。

祖父是个擅长放牧的人，对其他事就一窍不通了。倘若现在知道一
个远在异地他乡的我，竟然对没有丝毫价值的虫子有着强烈的兴趣，还不
知疲倦地观察研究，他一定会大发脾气地说："你为什么把时间浪费在这
些无聊透顶甚至毫无意义的事情上呢？"

作为一家之长，祖父不苟言笑。祖母是一个严格遵守教规的女人，
总是戴着山区妇女特有的帽子。她会腌制很多食品，如大麻、小鸡，还会
制作乳类、黄油。她负责洗衣做饭，照顾一群孩子，准备全家的食物，这
一切概括了她一生工作的全部。她纺纱织布，把家务搞得井井有条，不知
疲倦地劳动是她的义务。

在所有的记忆中，令我难以忘怀的是冬天的闲聊时光。到了吃晚饭

的时间，一家老小围坐在一起，摆上一张长桌、两条长凳。凳子是一块冷杉板，钉着 4 颗跛脚木钉，桌子上放着盆、碗和锡制的匙勺。桌子上摆着一个车轮般大的黑麦大面包，它用一块麻布包着，满屋子都有乳汁和香肠的香气，很是诱人。祖父用刀子切下一大块来，然后再一一给我们。

接下来，祖母手拿一只镀锡的铁勺子，一个接一个地为我们从锅里盛出一小碗汤，再舀出萝卜和一半肥一半瘦的火腿片放在盛得很满的碗里。数九寒冬，身边的大壁炉里烧着大块的树干，给屋子增添了许多的温暖。壁炉的角落里有一块板岩薄片，那是晚上用来照明的工具。那里燃着松树的碎木片，都是从半透明的、浸透松脂的松树块中挑选出来的。屋里点着一盏闪着淡红煤烟色的光的灯，我们吃光了碗里的食物，祖母把最后的一小块乳酪收起来，洗刷好碗碟，便开始坐在炉火角落的木凳上纺纱。我们蹲在炉火旁，围坐在祖母身边，屏息凝神地听她一边纺纱一边讲故事。

听够了野兽、龙与蝰蛇的事，当含松脂的木块将要燃尽灰烬，放射出最后的红光的时候，祖母一声念叨，我们便要去睡一个安安稳稳的觉了。大约因为我年纪最小，所以可以享受填满燕麦壳的床垫，我的哥哥姐姐们只能睡在麦秆床垫上。虽然如此，我的梦依然是甜甜美美的，亲爱的祖母，忘不了您的恩情啊！在您的膝盖上，在您故事里，我找到了温暖和安慰。

我的母亲是不识字的，她受过的教育就是那饱经苦难的生活和充满辛酸的人生。父亲年轻时读过书，在我们的家族里，他是第一个走入城市的人，结果却是不幸的。他经历了乡下人变为城里人的伤心与失望。当他发现我用大头针把昆虫钉在软木瓶塞上时，结结实实抽了我几个耳光。这就是我从父亲那里得到的全部鼓励，或许他是对的。

结论是显而易见的，在遗传因子中，无法找到我热爱观察事物的遗传因素。五六岁时，我们那贫困的家庭为了少一张嘴吃饭，把我送到祖母身边。正是在祖母那儿，在孤寂中，在鹅、牛与羊中间，我的认知天分得到充分的发展。

我常常背着手，面向太阳。灿烂的阳光令我头晕目眩，又令我心醉神迷。我就像一只受到灯光诱惑的尺蠖蛾，把嘴大大地张开，把眼紧紧闭住，灿烂的光芒突然消失了。我睁开眼睛，闭紧嘴，灿烂的光芒又一次出现了。我再一次开始，结果仍然相同。我的试验告诉我一个道理，我是在用眼睛看世界，这是多么了不起的新发现啊！当我向家里人汇报了我的新发现后，只有祖母温柔地告诉我，世上的事原来就是这样，而其他人只是嘲笑我的幼稚。

除此以外，我还有一个新的发现。夜幕来临时，在附近的荆棘丛中，我听到了清脆的撞击声，

父亲年轻时上过学，懂得很多知识，我十分希望能从他那里知晓我所不了解的一切。

声音很轻也很柔和。是什么在这里悠悠鸣唱呢？我长时间地守候，不动声色地在那里窥视。荆棘一动，略有声响，清脆的撞击声就戛然而止了。第二天，我再一次潜伏在那里，第三天又去潜伏，凭着一股倔劲儿，这一次终于成功了。啪！我伸手一把逮住了这个歌手。原来是一只蝈蝈，我的小伙伴们曾经鼓励我吃它的大腿。从那时开始，通过多次的观察，我明白了蝈蝈是会唱歌的。这一次，我再也没有把这个新发现透露给他人，我害怕会像上回那样受到大家的嘲笑。

啊！我又看见了那些长在田地里、房屋旁边的美丽花儿，好像在用它们大大的紫色的眼睛对着我微笑。紧接着，我看见了一串串红樱桃，它们颗粒粗大，色红肉多。我品尝了一下，味道并不怎么好，而且还没有核。

蝈蝈在荆棘丛中悠悠地叫着，如果有动静的话，它会立即停止鸣叫。

秋末，祖父来到田地里，挥汗如雨地用一把铁锹翻动着地里的泥土，刨出一种圆形的根茎。这是我认识的，家里还有许多库存，我经常把它放在炉灶上煮，它叫土豆，它开的是紫色的花，结的是红色的果，这是我们的食品，它在我一生的记忆中占有一席之地。

或许是乡村的自然环境，比如祖父的田地，祖母的动物故事，粗放式的生活方式，使一个孩子潜在的本能得到了充分的发挥，无形中挖掘了他的天分。孩子，你喜欢向那些花儿和虫儿走去，就好像粉蝶飞向甘蓝、蛱蝶寻觅蓟草一样。这就是你看到的孩子眼中的昆虫世界了。

 ## 环境的意义

前面说了，一个孩子的天赋并不完全是遗传的，他幼年时的成长环境，决定了这个孩子的超凡思维的形成。

记得小时候，学校的窗户右边，有一块墙面上画的是流浪的犹大，左边却是热娜维艾芙和一头母鹿。我对这个学校的博物馆赞叹不已，因为

那些红、黄、蓝、绿的颜色吸引着我的眼神。房间的南墙装有一个壁炉，房间的其他地方全被壁炉炉床的其他装置占用了：三脚板凳、干燥盐盒、双手铲子，还有风箱。在用两块石头搭建成的台子上，木柴燃烧着，这是我们每天早上带来的木柴。因为这些柴，我们才有权利享用壁炉里的美味佳肴。

炉火上的美味并非完全为我们烧的。首先，它是为了加热并列排放的三口小锅。锅里煮着小猪的食物——麸皮和土豆。那东西煮得香喷喷的，每当老师的眼光移开时，就有胆大的孩子迅速用刀尖去挑起一块煮熟的土豆，偷偷放在自己的那块面包上。对于我们这些年龄比较小的孩子来说，除了学习时嘴里塞得满满的，有时还会有砸胡桃带来的乐趣。对我来说，那房子外面的饲养场更是让人向往，那里有许多小鸡拥着母鸡在扒刨粪堆，小猪快乐地在石槽里戏水。

老师的第一个重要的工作就是剪羽毛，剪羽毛是一件极细致而又困难的工作，老师先用小指支撑用力，手腕弯曲，然后，这只手会如波浪般旋转起来。我特别注意到，他写的那行字母或者单词下面，出现了一只螺线形构成的花环，花环里面是一只振翅欲飞的大鸟。这只用红墨水画成的鸟是那么逼真，一支神奇的羽毛笔画活了这只美丽的鸟。在奇迹面前，我们目瞪口呆，不知道其中的奥秘何在。

总的来说，我的老师是一位杰出的人物。他有那么多繁重的工作，有那么多的事务要打理，很少有时间用在我们身上。所以说，他要办好学校唯一缺少的是时间。他要替邻村的地主管理财产，他还是一个理发师，又是打钟人。尽管如此繁忙，他却是个快乐和善的人，非常爱动物和孩子。

我的学习课本是一本儿童识字课本，封面上也有一只鸽子。这只鸽子的圆眼睛四周有斑点状的圆环，好像在对我微笑。它的翅膀告诉我，它曾在天空中滑翔。我仔细数着这只翅膀上的羽毛，似乎看到了美丽的云彩，思绪也随着它飞到了山毛榉林子里去了。山毛榉长在一片苔藓地毯上，它有着光滑的树干，白色的蘑菇从下面露出脸儿来，好像一只在外流浪的母鸡留下的蛋。这只翅膀还把我带到积满白雪的山峰，鸟儿会用红色的小爪，在雪地上印下许多星形的痕迹。

老师常把学校搬到露天的地方，那里会有许多别的乐趣，比如搜寻蜗牛。当他带领我们在黄杨木林边缘寻找到蜗牛，然后一个个砸碎时，我总是在一堆蜗牛前面犹豫起来。它们多漂亮啊！有黄色的，有玫瑰红的，有白色的，还有褐色的，全都有螺旋形旋转的带子。在帮助老师收割草料时，我和青蛙交谈起来。我还把饵料放在小溪边，诱惑虾子从洞穴里爬出来。我在赤杨树上捉丽金龟，这种金龟子特别美丽，即使是蔚蓝色的天空也会相形见绌。我还采来水仙花，再用舌尖在有裂口的花冠底部吮吸那甜甜的花蜜。敲打胡桃的时候，一些蝗虫的翅膀展开，形成蓝色的扇形，另外一些蝗虫则形成了红色的扇形。虫子的天赋显而易见。

乡村学校，即便是数九寒天，也会源源不绝地为我的好奇心提供食粮，我对虫子和植物的热情日益增长。

卧室有一扇小窗子，我可以从那里俯视全村。我在那里欣赏秀美的景色，看见丘陵、小溪。几棵被朔风吹拂的橡树耸立山脊，直贯云霄。在

在上学时，法布尔常在老师的带领下去黄杨木林边缘搜寻蜗牛，它们身上都有螺旋形旋转的带子。

山谷谷底，有一座教堂，教堂里有 3 座大钟。广场的地势较高，在宽大的拱顶掩护下，喷泉的水潺潺地从一个水池流向另一个水池。

坐在窗户边，可以听见洗衣服的妇女说话的声音和捶衣棍的敲击声，还有用沙土和醋擦洗小锅的尖利的刺耳声。在斜坡上星星点点散布着小屋子，屋前的小园子是阶梯状的，圈着歪歪扭扭的围墙；有些都快要坍塌了。到处都是陡的斜坡和小街道，路面上铺有天然的石子，凹凸不平。在这些不安全的通道上，骡子即使有坚硬的蹄子，也很难负载着树枝行走。

村子外，在丘陵的半山腰上，有一棵高大挺拔的椴木。玩游戏时，小孩子最喜欢捉迷藏，总是有些孩子爱躲进空树干的洞里去。我经常看见小酒店的老板，他把酒灌在了山羊皮囊里，用骡子驮着运过来。在宽阔的广场上，能看见坛子里盛满了煮好的梨，还能看见一筐筐葡萄。地上有一块灰色的麻布上，摆放着印有红色小花的印度花布，这些只对女孩子们有吸引力。不远的地方，木架上排放着山毛榉木鞋、陀螺及黄杨木笛。放牧羊群的人经常在那里买喜欢的乐器，偶尔试吹几个粗野的曲调。对于我来说，这里新鲜好奇的东西太多了。晚上，许多人待在小酒店里，有人推推拉拉、发生口角，争吵完后，一切归于平静，村子又恢复了宁静。

因为喜欢那本有鸽子的小册子，我学会了拼写，父母都很惊讶。因为那些图画极富启发性，喜欢动物的我自然很是爱惜。后来又有人给了我一本拉·封登的《寓言诗》，作为对我进步的奖励。这本书的图画很美妙，上面有乌鸦、狐狸、狼、喜鹊、青蛙、兔子、驴、狗、猫，全是我知道的动物。啊，这是我幼年时读过的一本奇妙的书！

十岁时，我去上了罗得丝小学，后来我又在大学的小教堂里担任侍童的职务，这样我获得了免费走读的待遇。我在班上特别受欢迎，因为我的法外互译的练习非常出色。虽然如此，虫子在这个英雄和半神化的神奇环境中，是绝对不会被我遗忘的。我常在星期天和星期四去观察报春花，看水仙是否在草原上出现，朱顶雀是不是在刺柏上孵卵，花金龟会不会从摇曳的白杨树上大批大批掉落。

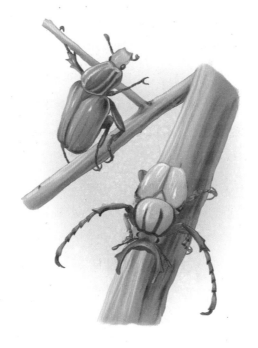

春天，花金龟在白杨树上悠闲地待着，尽情享受着春天的气息。

　　我对大自然怀有的激情始终是那么旺盛。

　　我慢慢地读到了维吉尔的作品，我特别喜欢梅莉贝、科里东、默纳尔克、达默塔斯。我那牧羊人的调皮捣蛋的事，幸亏没有被人发现写进书里。书中除了讲述人物的故事，还有一些与蜜蜂、蝉、斑鸠、小喙乌鸦、山羊、金花雀有关的有趣的细节。用激昂的诗句描述田野里的事物，那才是真正的享受呢。在我的记忆里，拉丁诗人留给我的印象是难以磨灭的。

　　因为家庭困难，我中断了学习，但对昆虫的兴趣没有减少。简单地说吧，幸运之神从不抛弃勇敢的人。后来，我进入了师范学校学习。在这里，我利用学习过的一点点拉丁文，来整理一些与植物和虫子相关的模糊知识。

　　为了达到初级师范学校的水平，我必须废寝忘食地投身于圆锥曲线、微积分的学习中。我坚持不懈地努力，终于克服了数学的奥秘。接下来就是自然科学，我同样也是那样勤奋地学习。我逼迫自己学习数学，把博物

学书籍暂搁一边，藏在箱子底下。

后来，我被派遣到中学担任物理和化学这两门课的老师，这对我太具有诱惑力了。那里的海滩真漂亮，到处是被波浪冲上沙滩的美丽的贝壳，俯拾皆是。诱人的香桃木丛林里，密密地分布着野草莓树和乳香黄连木。我把闲暇的时间分成两部分，其中大部分时间在与数学打交道；另一小部分时间，我把它用于采集植物标本，用于探究海洋动物。

就在此时，赫赫有名的植物爱好者安来到了这里。他身边带着一个装满了灰色纸张的盒子，他经常穿越小岛，采集植物标本，并仔细地把它们抚平、弄干，然后分类，送给朋友。我们很快就熟识了。我常常陪他四处奔波，研究植物。这位大师说，他从来没见过像我这样专心钻研的学生。我认为他也是个专心研究的人。

其实，安并不是一个学者，他应该是一个非常热心积极的收集者。比如一小段草、一层薄薄的苔藓、一小片地衣和藻类，没有他不知道的。

一年后，我又和唐认识了。在安的推荐下，我和他交流密切，互有书信来往。这个著名教授来到我们这里，计划借鉴植物志编写一本植物图集。我为他提供了食宿：一张面向大海的临时搭建的床，还有海鳝、大菱鲆与海胆等食物。

我们对岛中心的大山进行了全方位的研究。在我的帮助下，这位学者采集到了白霜不凋花，这种惹人艳羡的花卉就如同银色的幕布，人们把它叫做盘羊草，或者叫做毛茸茸的玛格莉特皇后。这花儿戴上棉絮，在雪的身边瑟瑟颤动，他还采集到许多其他的罕见植物品种。这一切全是植物学家最大的乐趣。但是，对于我来说，他说过的话、他的研究激情，比这白霜不凋花更加吸引我、感染我。

他在离开的前夕对我说："你致力于研究贝壳，这非常好。可只做这个还远远不够，你需要去了解虫子，让我来告诉你该怎么做。"于是，他拿出一把剪刀和两根缝衣针，开始在深水中解剖一只蜗牛。我在一边观看，他一步步地解释、描述摆出来的器官。

蜗牛常常在植物上取食，也同样成了法布尔观察和研究的对象。

这是我这一生最值得回忆的时光，由此，我得出一个结论：本能和天才是截然不同的。天才不可以代代相传，本能是家族神圣的遗产，它赋予家族中的每一个人。如果你问到食粪虫和其他昆虫这个问题时，它们会展示天生的才能回答我们："本能即是虫子的天赋。"

 ## 潘帕斯草原食粪虫生存才艺大赛

不管是天才还是本能，不管是人还是虫，都会有幻想。当然，虫的幻想很少有人能明白。虫子们常常会沉浸于充满玫瑰色的幻想旅行，游印度的热带丛林、巴西的原始森林，以及南美洲为大兀鹰喜爱的安第斯山脉的高峰。而在我的荒石园里，这一切都不过是在一块四面都是围墙的卵石地里探险。在这里，修女螳螂居住在细细的树枝上；苍白的意大利蟋蟀在夏夜里待在荆棘丛中唧唧地叫；黄斑蜂俨然成了一个棉花小袋工厂主，想要把平披着棉絮的每根小草；切叶蜂开拓着每个丁香矮树丛。

假如仅仅在荒石园里旅行还不够的话，不妨长途旅行去收获丰富的物品。绕过附近的篱笆，在大约 100 米的地方，虫子们和圣甲虫、天牛、粪金龟、粪蜣螂、螽斯、蟋蟀、绿色蝈蝈等许多昆虫部落都有了来往。

如果可以，虫子们或许会在魔毯上找到座位，这样就可以到阿根廷共和国的潘帕斯草原，参加塞里昂食粪虫的技艺大赛。

多好啊！比赛刚刚开始呢。

首先出场的是亮丽亮蜣螂。它浑身泛着古铜的红光和绿宝石般鲜亮的翠绿，多么像粪堆里的一颗宝石啊。它的前胸有个半月形，向下凹，肩上的翼端锋利，额上插着一只美丽的角，简直可以与西班牙粪蜣螂媲美。它的助手是自己的女友，和它一样，浑身闪烁着金属的光泽，只不过没有古怪稀奇的珠宝首饰，因为雄虫们都热衷于用奇特的外表吸引异性。

下面简单介绍亮丽亮蜣螂。亮丽亮蜣螂在牛粪饼下面定居，在地下

亮丽亮蜣螂周身泛着古铜色的红光，多像是粪堆里熠熠生辉的宝石啊。

揉捏制作球形面包。它们干这个工作时很周到，考虑到了食物如何保鲜，如何让胚胎需要的空气进入内部等问题。亮丽亮蜣螂比较奢侈，它们从发现的每一个粪堆中提取制作粪球所需的粪料，然后把小球埋在地里，让里面的卵自己孵化。如此不节约，或许是亮丽亮蜣螂的精品意识吧。一般来说，亮丽亮蜣螂女人独自建立家庭，而男人大多数时间都在外面闲逛。嘿嘿，每一种虫子都有自己的生活习性，对吧。

　　第二个和第三个出场的是双色大地蜣螂和居间大地蜣螂，这两种昆虫的外貌有一些共同点。双色大地蜣螂呈蓝黑色，前胸发出炫目的铜色光泽。这两种昆虫都长着长长的足、镶嵌着发光齿饰的风帽和扁而平的鞘翅，简直就是著名的圣甲虫先生的缩小版。它们同样具备圣甲虫的才能，作品也是一种粪梨，只是技艺更加质朴。

　　第四个出场的是牛粪球蜣螂。牛粪球蜣螂很漂亮，它穿着金属般的外套，随着光线入射角度的变化，有时呈现绿色，有时呈现铜红色。它有着四方形的外形，像锯齿一样的前足，看上去更像是双凹蜣螂。这种昆虫

大地蜣螂长着长长的足、镶嵌着发光齿饰的风帽和
扁而平的鞘翅，它慢悠悠地爬上附近的菌类植物上，
准备出场了。

的出现，使得在场的食粪虫家族都对其刮目相看。

牛粪球蜣螂的作品是卵球形的，形状也与著名的圣甲虫先生的没有太大区别，却更显示了美洲虫子的灵巧。这个一般由母牛或绵羊的粪便制成的糕饼的内部，匀称地涂着一层黏土，这层黏土不仅使得整个作品异常牢固，还可以减缓水分的蒸发。

卵球末端的乳突就是孵化室，那儿就是放卵的地方。胚胎与羸弱的幼虫，在空气隔绝的黏土覆盖层下如何呼吸呢？在距离乳突顶端一段距离的地方，它们改用木质碎块和细小的未经消化的食物残渣，搭建了一个热带地区的茅屋顶，空气就可以在这个粗糙的天花板上自由流通，于是，幼虫的安全与通风问题便解决了。

第五个出场的是猪蜣螂队。其实，猪蜣螂是一种非常漂亮的食粪虫，身体呈暗铜色，粗且短，和野生双凹蜣螂一样，身体是四方形，大小也差不多。它也拥有自己的技艺，它的巢穴分成了几个圆柱形小间，每一只幼虫居住一小间。对幼虫来说，它的粮食就是牛粪砖，大约有一根拇指那么

这些生活在潘帕斯草原的可爱食粪虫，名字
虽然不美，可技艺都很出色。

高，这些食物经过细心挤压，填满了凹陷的地方，就如同压入模子的软面团。猪蜣螂把卵产在上端的一个内壁有2毫米厚的矿物质箱子上，这个箱子与粮仓丝毫不通，仓库关得很严实，新生的幼虫必须把封条咬碎，弄破黏土地板，还得在地板上凿开一个活动门，才可以到达下面的糕饼仓库。猪蜣螂的洞穴很浅，要在潘帕斯草原生存下去，最明智的做法就是把粮食妥善地藏在密封的容器中。即使是烈日如焚的夏天，存在这里的东西也不会有被烘干的危险。无论孵化时间多么晚，新生的幼虫只要找到盒盖，就可以吃到新鲜的食物。

潘帕斯草原可爱的食粪虫，名字虽然不美，可是它们的技艺都很出色。

第六个出场的是米隆亮蜣螂队，雄虫前胸如同海角那样凸出，头上的扁角宽而且短，角的末端是三叉形。雌虫则是以简单的褶皱代替饰物。雄虫和雌虫的头部都有一个双尖头，这一定是用来挖掘和搜索的工具，也是可以切碎东西的解剖刀。身材粗而短的米隆亮蜣螂的产品优美雅致，令我们拍手称奇，它的产品具有符合几何原理的准确性，简直是无可挑剔。粪球颈部虽不细长，却极好地把优美和力量糅和在一起。由于细颈半开着，凸起的肚子上刻着美丽的格状饰纹，它好像是从印第安人的葫芦上取的样。其实格状饰纹是米隆亮蜣螂的跗节的标志。小葫芦有格纹，很像套着藤柳套的马口铁壶，铁壶的大小与鸡蛋相似，甚至超过了鸡蛋。

这奇特而又完美且极其少见的粪葫芦，真是虫子的天才作品。既然是食粪虫，那就做牛粪的热烈崇拜者。而米隆亮蜣螂与其他食粪虫最大的区别是所用的原料，不仅仅只是牛粪，它需要的是尸体的脓血，比如家禽或猫或狗的骨骼，以及猫头鹰的尸体。它们的饮食习惯有两种：奶油球形粪便蛋糕是给成虫吃的；提供给幼虫的食物却是馅酥饼，肉馅是利用头上的两把解剖刀和前足的齿状大刀，从尸体上割下来的毛丝碎屑与绒毛、碾碎的小骨、肉与皮的细条。混合搅拌需要超凡的技艺，如同其他食粪虫制作小粪球一样，它也不用经过转动就可以塑成一个圆球，而圆球的体积差不多一直没变，这份固定质量的口粮是根据幼虫的需要计算出来的。

米隆亮蜣螂在制作完肉馅后，正努力地制作外壳来包裹
肉馅，并且它会将卵产在顶端部位。

现在，馅酥饼准备好了。接下来，米隆亮蜣螂又开始了制陶工的工作。它使劲儿挤压黏土盆厚厚的边缘，制作外壳来包裹肉馅。肉馅的顶端仅覆盖一层很薄的内壁，其他各个地方则包裹着很厚的外壳。在顶端部位的内壁上，留有一个环形的软垫子，厚度和在里面打洞的小虫子的瘦小程度成正比。接着，米隆亮蜣螂把软垫制成一个半圆形的窟窿，卵就产在这里面。

最后，米隆亮蜣螂在黏土盆火山口似的小口边缘处用力挤压，慢慢地封闭了卵室，到此葫芦算是最终造好。关闭盆口，就成了孵化室。这道工序特别需要技巧，在加工葫芦柄时，需要一边压紧材料，一边沿着轴线留下通道作为通风口。

葫芦已经加工完成了，余下的事就是美化外壳了，这可是一件需要耐心的活。它在外壳到处涂抹，使弯曲部分越来越完美，并且还在柔软的黏土上留下了印痕，就好比史前时期的陶瓷工，在大肚子双耳坛上用拇指尖戳个印记一样。

第一章
超级粪面包师——蜣螂

潘帕斯草原上还有一位昆虫界的艺术家，它就是刺眦蜣螂。它改良了制作小球的技艺。它的作品是一种双肚葫芦，同样也布满了指纹。葫芦的上下两个圆球用一个很细的颈连接起来，上面的圆球较小，是卵的孵化室；下面的比较大，充当粮食的大仓库。可惜这次它没参加比赛。

这次食粪虫生存才艺大赛最后的结果出来了，完美无缺的米隆亮蜣螂取得了胜利。比赛留给人们很多启示，一切昆虫的生存才艺都不能凭借其外貌来判断优劣和决定胜负。

昆虫世界繁荣昌盛，虫子们的生存技艺也都是超强的。苏门答腊长腹蜂既是热情的蜘蛛猎捕者，也是淤泥小屋的建筑者。它对窗户帷幕上飘动的饰品极感兴趣，这些饰物就是它修建房屋的活动支撑物。马达加斯加土蜂，能给它的每只幼虫准备一块蛀犀金龟幼虫的小肥肉丁。美国得克萨斯州有一种强悍的猎手，叫做蛛蜂，它捕猎一种可怕的狼蛛，还和环带蛛蜂较量胆量，用匕首刺杀黑腹狼蛛。还有撒哈拉的飞蝗泥蜂——白边飞蝗泥蜂的对手，它给蟋蟀动手术。

一只蛛蜂盯上了正趴在树上的狼蛛，正准备用匕首刺杀它。

昆虫总是尽自己最大的努力去适应环境，不惜改变自己的外貌、体型，可如果环境实在太差，无法适应，它们也只能被迫死去了。

　　南方、北方所有的蜣螂都加工包有卵的卵球，所有的金龟子都揉捏颈部有孵化室的粪梨和葫芦。可是，由大地懒、牛、马、羊、人或其他动物提供的粪便材料，可以依据时空变化而变化。切叶蜂的技艺是用树叶加工袋囊，黄斑蜂的技艺是用植物的茸毛加工成棉絮袋子，不管材料是从哪株灌木的树叶上采来，或者是必要的时候从一朵花的花瓣上剪下来，有的时候棉絮是依据偶遇的情况在各处获得的，基本的技艺却是从不改变。所以，食粪虫不管从何处储备材料，它的技艺都是不改变的。这就是亘古不变的本能。

　　还有一件事我们必须明白，环境能够略微改变一下昆虫们的身材、体毛、颜色、外部附属物。但是环境变得太差，昆虫们适应不了，就只能选择死亡了。

第二章

双刀英雄

——负葬甲

昆虫档案

昆虫名：负葬甲，尼负葬甲或黑负葬甲

绰　　号：埋葬者

身世背景：负葬甲主要生长在北半球，东南亚和南美地也有分布

生活习性：有趋光性，喜欢吃动物尸体，常把卵产在动物尸体内，方便为幼虫提供充足的食物和安全的生活环境

绝　　技：挖坑，能够背朝下、四足朝上地搬运尸体

武　　器：颚

双刀英雄——负葬甲

 负葬甲工作的动力

四月的庄园，和风习习。在曲折的小道旁，躺着一只鼹鼠，它被农人用铁锹剖开了肚子；在篱笆脚下，一只穿上绿色珍珠外衣的蜥蜴，被淘气的孩子砸死了；一只还没有长满羽毛的小鸟被风吹落到了地上，这些小小的尸体，是否需要个葬礼，还是要成为残渣化为新的生命？它们会变成什么样呢？

田野里有一支从事保洁员工作的昆虫大军。擅长盗窃诈骗的蚂蚁第一个奔向尸体，动手解剖尸体，使之成为碎片。这些尸体发出了野味的香气，双翅目昆虫很快就被吸引来了。这种昆虫令人憎恶，它专门繁殖被人们当做钓饵的蛆虫。与此同时，葬尸甲、腐阎虫、皮蠹、隐翅虫等，呼朋唤友，成群结队，从四处赶来了。

在田野里，即使是小小的尸体，也能很快吸引双翅目昆虫的到来。

明媚的春天里，在一只鼹鼠的死尸下面，一场悄无声息的战争开始了。劳动场面嘈杂喧哗，长着宽大深暗色鞘翅的葬尸甲来来往往，时而奔跑，时而缩成一团儿，钻进裂缝处。腐阎虫踏着小碎步，皮蠹正想飞走，却被迷醉栽了一个跟斗，露出了洁白没有斑点的腹部。

这些疯狂的虫们在干什么呢？它们正在利用死亡能源，以高超的炼金术制造生命的奇迹，用看似腐朽的物质升华成新的能源，它们吸尽恐怖的尸体的汁液。各种昆虫闻声而至，它们体积更小，它们把鼹鼠的一

对野外专门从事清洁工作的昆虫来说，一些尸体发出的味道会吸引它们纷至沓来。

切韧带、骨头、毛等——加以利用，让一切可以利用的物质都回归生命的宝库。

春耕时，水鸟在翩翩起舞，人们都下地干活了，远处的村庄寂静无人。负葬甲也在田野的实验室中忙碌着，它们正在处理几只田鼠、鼹鼠、癞蛤蟆、无毒蛇、蜥蜴。无论是它的身材、服装，还是它的习性，都与普通虫子不一样。它非常尊重自己的崇高职务，并为此散发出麝香的气味。它的触角装饰有红色绒球，身上穿着米黄色法兰绒衣，鞘翅上横系着齿形边饰的朱红色腰带。

负葬甲把尸体就地埋葬在一个小地窖里，等它发酵成熟后，也就成了幼虫的食物，那是一种易消化又很营养的食品。当然，负葬甲埋葬尸体的目的主要是为了在那里安置子女。虽然负葬甲看起来行动迟缓，但一旦发现了尸体残骸，就得及时存入仓库，那时它们便相当地手脚麻利、动作敏捷了。负葬甲把食物转入地下的方法迅速而简单，在那些比较小的田野净化者中可以说是鹤立鸡群，且在心智与才能方面，负葬甲略胜一筹。

比如，有这么一只负葬甲，它想把一只死老鼠埋葬掉，但是发现老鼠尸体所在的土地太坚硬了，于是它找到了一块土质比较疏松而且离目标点不是太远的地方挖洞。洞挖好后，它尝试着把老鼠尸体埋进洞穴里，但是失败了。所以它很快就走了，但过了不久又返回来了，身边还带着四个同伴。这几个同伴帮着它一起运输和埋葬死老鼠。又比如，一只风干的死癞蛤蟆挂在一根插在地里的棍子上，负葬甲们没办法爬上棍子，它们开始在插棍子的土地上挖掘，直到棍子倒下，它们把棍子和癞蛤蟆的尸体一同埋葬。所以说，负葬甲有着非常显著的群体合作精神，这种情况绝非是孤立的。但是，虽然是一群负葬甲齐心协力地埋葬了尸体，可是工作完成以后，最终只剩下了一对负葬甲留在地下墓穴中。在那种义务合作的负葬甲中，多数都是雄虫，每一个虫都干劲儿十足。它们在完成协同埋葬工作后，除了那对夫妻以外，其余的全都会悄然离去，不取任何报酬。

现在，能看到的是荒石园的角落，迷迭香、野草莓树与薰衣草丛中，飞蝗泥蜂与蛛蜂正把猎物运输到洞里。负葬甲没有能力运输大块尸体，所以，它只能在尸体躺着的地方就地挖洞。这个没有选择的埋葬地点，或许是土质比较疏松的，或许是铺满卵石的，或许是位于一个不毛之地，或许是位于一块细草地，特别是狗牙根草盘绕交错的草地。短荆棘竖起的情况也很常见，荆棘把尸体架托起来，离地有几法寸高。埋葬工作过程中的困难总是变化万端，它们总是用微小的分辨能力去获取经验，去改变谋略，从而取得成功。锯开、砸碎、扫清、升腾、震动、移动，这些方法对处在困难中的负葬甲来说都是不能缺少的办法。假如负葬甲失去了这些才能，只会用一种不会变通的方法，那就难以从事上帝赋予它的职业了。

一天，一只死了的鼹鼠躺在荒石园中间，这里土质松软，是沙土，条件优越，便于工作。有4只负葬甲，3雄1雌，面对猎物，它们蹲在鼹鼠尸体的下面，一会儿，这具尸体似乎又复活了，因为这4个劳动者利用自己强健的背从下向上晃动。隔了很长时间，一个掘墓者，差不多每次都是一只雄虫，从尸体下面走出来，绕着死尸开始转圈。它一边探测这具尸体，一边搜寻它的绒毛。往往就一会儿，又匆忙回到尸体下面，之后又可能再出来，再次调查新情况，然后再钻回尸体下面。

在荒石园的角落里，负葬甲在忙着寻找食物，它们对尸体很感兴趣。

负葬甲在面对像褐家鼠这样无法运输的大块尸体时，往往会就地挖洞，先将尸体埋好。

摇动又开始了，尸体摆动个不停。而这个时候，因为震动使沙土挤压得很紧，构成了一个环形软垫，沙泥在四周堆积起来。鼹鼠的尸体则因为自身重量，以及在它身下拼命干活的掘墓者的努力，再加上它在遭到破坏的泥土上没有任何支撑物，所以就沉陷到地下了。外面向里压紧的沙土，使得尸体尽快地掉落到深坑里，被掩盖住了。此时的尸体就像被淹没在流沙里一样，自动销声匿迹了。负葬甲若认为深度不够，那么会想办法使尸体的位置一直下降。

负葬甲是环境保洁员，任何恶臭腐烂的尸体它都不会拒绝。不管是长羽毛的猎物，还是长皮毛的动物，只要尸体不超重，一切都好办。无论对两栖动物，还是对爬行动物，它处理时都一样卖力，这种积极的工作精神是一种生存的本能。它不假思索地接受着甚至它的种族都有可能还不了解的超乎寻常的发现物。比如它毫不犹豫地深埋了一种从未吃过也从未见过的红色的鱼，这就证明了葬甲虫是来食不拒的，这种鱼就是中国的金鱼。负葬甲能很快地把它判定为好东西，并用老方法埋掉。当然像羊肋条、牛排骨之类，就算变得臭气熏天，也会备受负葬甲的珍爱和重视，并迅速在地下消失。总之，负葬甲没有排他性的嗜好，所有的腐烂物它都会放进地窖中。

负葬甲刚刚埋葬完尸体，紧接着就要展开后代繁殖工作。褐家鼠最多被埋葬两周多的时间，尸坑里就已经有了一批身体强壮很快就要变态的

居民，如此的成长速度让人惊叹不已。由此看来，尸体潮解物对其他物种的胃虽然足以致命，但对于负葬甲却无害，它可以刺激其身体的快速发育，使之在转化为腐质土之前被消化干净。有机化学反应很快就超越了无机化学的极限反应。

负葬甲的幼虫呈现白色，裸露，眼盲，具有在黑暗中生存的普通特性。它的外形是披针形，会让人想到一只螃蟹；那黑色大颚强壮有力，是一把优质的解剖刀；足很短，但是在碎步小跑时灵敏迅捷；腹部的腹面有一块狭窄的腹板，红棕色，腹板上有 4 根骨针，骨针的作用很明显，就是在幼虫离开出生室降到地下变态时，以它为支撑点；胸部体节的护甲很宽，但没有刺。

成年负葬甲陪着它们的孩子，生活在褐家鼠的腐尸里，身上满是"虱子"，令人厌恶。四月，负葬甲在第一批鼠尸体食橱下时，通体发亮，衣冠楚楚。临近七月时，它们就变得无比丑陋，身上长满一层寄生虫，寄生虫会钻进它们的关节。负葬甲和粪金龟这种为公众卫生事业献身的行为，

在褐家鼠被埋葬后的两周多时间后，负葬甲排在尸坑里的卵基本就要变态成功了。

因它们的家庭习惯而使得贡献特别突出，却因此备受病魔的侵犯和折磨。

不久，大批从地下爬到地面的负葬甲都没有了胳膊，关节也被切掉，切除的部位有高有低。它衣衫破烂，浑身长满虱子，就像长着鳞片一般。这时，一个伙伴来了，只见它给了这个残废者致命的一击，然后就把可怜的同伴腹部挖空了。因为，现在地上地下的食物都很充足，在这场屠杀中，饥饿绝对不是它们蚕食同类的理由。唯一的原因，就是同伴肢残痛苦，在这种残缺生命的暮年，它习惯地给同伴一个解脱痛苦的杀戮。这种现象，并不是负葬甲特有的习俗。比如壁蜂会毁掉自己那衰弱竭尽的卵巢，还有可能吞吃掉卵。螳螂在扮演完情人的角色后，就把伴侣吞入肚子。螽斯常常吃掉它残废丈夫的腿。温柔宽厚的蟋蟀，在产卵结束后，双方自残而亡。这或许是昆虫独特的怪异习性，虽然如此，也不能改变和影响生命的意义。

在杀戮残疾者这种奇异的行为之外，是隔离在育婴室的负葬甲幼虫，经过了十几天就变成了蛹。这些负葬甲幼虫必须迅速变为成虫的形态，它们仅有几天快活自在的时间，不需要为家庭操劳。接下来，严冬来临，它就深藏于冬天的地下。等到春天到来时，它会又一次回到灿烂的阳光下，开始了终生的清洁工作。

生命的新旧更迭，便是负葬甲工作最原始的动力。

 负葬甲的智力测试

现在，我就谈一谈负葬甲那既理性又英勇的行为。它的理性行为使它有了好的名声，并通过了无数次智力测试一举成名。

第一次测试被安排在一片沙质地进行。在钟形铁丝网罩下的沙土地面上，铺上砖头，再在砖头上铺上一层薄薄的沙土，这样就构成了一块貌似沙质地却无法挖掘的土地。在这些砖块地面的范围外，还有一片疏松的平整地面。

一只硕大的鼹鼠尸体放到中央，一切准备就绪，现在有十只负葬甲来到这个钟形铁丝罩下，其中有 3 只雌性负葬甲蛰伏在覆盖着的泥土里，有几只在地面上，它们看上去是一副懒散、无所事事的样子。那些潜伏在埋葬死尸的地下室里的虫们，相信它们马上就会嗅到鼹鼠尸体的味道。大约早上七点，又有负葬甲赶来了，一雌两雄共 3 只。现在有 13 只负葬甲们都钻到了鼹鼠身体下面。不一会儿，鼹鼠身体颤动起来，不久，鼹鼠的周围被碎土堆积成环形的大土堆。

震动持续了两小时，可鼹鼠并没被埋进沙里。看样子如果非要移动尸体，那负葬甲们就得腹部朝天躺下，然后用六只足把死鼠的毛死死抓住，背部用劲，而且要把它的额头和尾巴末端当做撬棍，这样才可能向前推进。

情况虽然不妙，但负葬甲是不会放弃的。这时，一只负葬甲出现了，在鼹鼠的周围走来走去，不时在地上刨一下，然后又消失在鼹鼠下面。一会儿，那只死鼠又开始晃动起来。负葬甲们把鼹鼠摇晃起来，同时向前推。令人遗憾的是，看上去它们不是在朝一个方向使劲。结果，鼹鼠往砖头的边上微微前进了一点儿，马上又倒回去了，而且又回到了原来出发的地方。因为步调不一致，一切努力都白费了。这种无谓的动作大约持续了三小时，最后，这只鼹鼠尸体连负葬甲自己挖出来的小沙丘，都没有越过去。

事情似乎没有任何进展。这时，有另一只雄负葬甲出来了。它选择了另一地点勘察，也就是砖头旁边疏松的泥土上。大约是为了研究土壤的质地，它挖掘了一个洞穴，一个窄而浅的坎儿。接着，这只雄负葬甲返回工地，指使虫们用背部使劲顶，尸体向着探明的方向前进了约一个指头的距离，就停止不前了。它们还是没能找到解决问题的方法。

现在，又有两只雄虫去勘察情况，它们急匆匆地跑遍整个钟形罩。它们到处摸索，试着挖出一条条浅沟。当然，它们总是在钟形罩内的砖头以外的土层进行各种各样的探测，从没想过钻出去寻找更好的地方。它们这样挖一条沟弃一条，挖一条弃一条，直到挖出第六条的时候才停止，目标地点终于确定了。

突然，死鼠先朝一个方向前进一会儿，接着又朝另一方向摇动，就这样前进和倒退，倒退又前进，反反复复，最后竟然越过了小沙丘。鼹鼠被撬着颠簸地前进，鼠尸看上去好像是自己在移动，因为根本看不到负葬甲在运用自身的撬棒运作。经过多次反复前进又后退之后，死鼠运行速度突然加快。现在，死鼠已经移到砖头外边一块很好的土地上了。现在，正好是一点钟，在这之前，负葬甲观察埋葬地点和搬动死鼹鼠花掉半个小时的时间。紧接着，它们开始用常用的方法把鼹鼠埋葬。

这次实验可以得出如下结论：第一，雄负葬甲在家务中扮演的角色是突出的，它们可能比雌虫更有天赋。当事情很棘手时，它们总是去了解情况，找出解决问题的方法。而雌虫是很相信和依赖自己的助手的，静候不动，等待雄虫勘测的结果。第二，经过勘察，死鼠躺着的地方有无法克服的困难。在稍微远处疏松的土地上，它们没有事先把坑洞挖好。为了掘土，这些挖掘者会用背去感受鼹鼠的重量。假设鼹鼠没搬运到合适的地点，它们永远都不会做有目的的挖掘活动，或许是因为它们不习惯无谓的劳动。当负葬甲陷于困境，且没有办法解脱的时候，会想到求援。

现在是第二次测试，这是为一个偶然闯入者而进行的。有一只负葬甲夜间从笼子边经过的时候，嗅到了死鼠的肉味儿，因此钻了进来。那里的土地很硬，尸体需要被转移到其他的地方。通常情况下，土地上长满草，最常见的是狗牙草，这种草能在地下用有韧性的细根形成一张纵横交错的

为了搬运鼹鼠的尸体，负葬甲正在勘察地形，寻找越过障碍的办法。

网。虽然负葬甲能在这张网的缝隙里寻找东西，然而，在网间拖拉死动物却不是易事，原因是网眼太细太窄。对这种常见的障碍，昆虫掘墓者会没有办法吗？ NO。

在职业生涯中，负葬甲经常会遇到很多障碍，当然它都有应对策略，否则就干不了这一行。除了挖土的技能之外，负葬甲还有另一种能力，即切割能力。整整一个下午，埋葬工作进行得都非常顺利，没有任何阻碍。鼹鼠就在原来的地方，不用移动就沉降到了地里面了。

第三次测试是加大难度。现在，一根带子把鼹鼠的身体固定在一根水平横木上，而这根很轻的横木则被放置在两把摇不动的叉子上。这时，死鼠看上去像烤肉铁叉上的一块肉。它的整个身体横着，不过也能碰触到地面。

负葬甲消失在尸体的下面，一接触到死尸的浓密毛皮，它们就开始挖掘起来。坑被一步一步加深，鼹鼠却没掉下去。这是因为鼹鼠遭到了横木的阻拦，而横木又被两根叉子牢牢地固定住了。这时，负葬甲放慢了挖掘的速度，似乎在思考什么。

一群负葬甲正忙着将鼹鼠的尸体埋进坑里，它们首先开始掩埋的是尸体的尾部。

双刀英雄——负葬甲

一会儿，一只负葬甲爬到地面，在鼹鼠的身上爬来爬去，最后竟然发现了鼹鼠身体后部的那根绳索。于是，它开始啃咬这根绳子。时间在一点点流逝，似乎听到大剪刀发出的声响，绳子断了。鼹鼠"啪"的一声掉在地面的坑内，歪歪斜斜的，然而挂在另一根绳子上的头仍然露在外面。

埋葬者开始掩埋鼹鼠的身体后部。它们一会儿朝这个方向拉，一会儿又朝那个方向扯。反反复复，拉来扯去，却没达到目的，因为鼹鼠的头还拴着呢。这时，又一只负葬甲爬到地面来，观察上面的状况。这时它发现了第二根绳子，于是咬断了绳子。之后，埋葬工作就进行得顺顺当当了。

第四次测试进一步加大难度。在沙土上，插了一小束百里香。把一只死鼹鼠放到树冠上，并将它的尾巴、脚爪和颈脖卡在树枝里，目的是加大难度。现在，实验对象有 14 只负葬甲，它们大多数藏在地下，处于半睡半醒的状态，只有少数在劳作，还有些正忙着整理它们的粮仓。这时候，有两只负葬甲在那束百里香上找到了鼹鼠尸。

依附着笼子的铁丝网格，这两只负葬甲爬到了灌木枝头。因为没有方便的支撑物，它们犹豫了很久。最后，是一只负葬甲的身体支撑在一根灌木的小树枝上，来回用背和足推和摇，使劲地摇撼鼠尸。这两个合作者又协力把死鼠从乱七八糟的一堆东西中拽了出来；又一次摇撼，死鼠就掉了下来，最后把它埋掉。

第五次测试让难度再升一级。实验开始，我将树桩垂直立起来，不让悬挂物触到树桩的基部。接着，我借助一根带子，把死鼹鼠的后爪固定在绞架顶端，接触着桩柱的死鼠保持着笔直下垂的姿势，头部和肩部都能与地面进行充分的接触。

不一会儿，两只负葬甲爬到杆子上观察死鼠，并用头一下一下地在它的毛皮里乱拱。两个合作者开始钻到死鼠和柱子的中间，倚靠着树杆，用背作为撬棍，不停地摇动鼠尸。鼠尸不停地被摇摆着，被旋转着，整整一个上午都是徒劳。

两只负葬甲爬上了灌木的小树枝上，它们这是在为得到鼹鼠的尸体做努力。

到了下午，两只负葬甲首先向鼹鼠微微吊在绳子上的后爪部分发起进攻。把死鼠的脚后跟毛拔了，把皮剥了，把肉也割开了。其中一只用大颚咬带子。它们用大剪刀狠命地剪切和啃咬，最后绳子断了，死鼠掉到了地上，接着马上就被埋葬了。

先做难事再做易事，这似乎是负葬甲工作的一条原则。

实验的最后结论，让我们相信负葬甲虽然具有传说中智慧的名声，却也只是将一种本能的意识作为自己行动的指南，看似理性的行为，只能说是本性使然。否则，为什么它们长年受困于人所设的钟形网罩的障阻内，却没有冲出黑暗，自由地生活的意识呢？

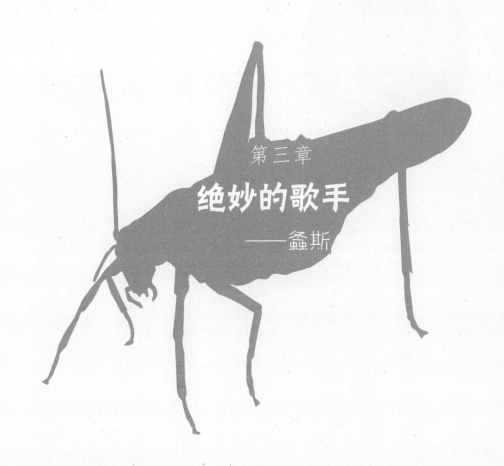

第三章

绝妙的歌手

——螽斯

昆虫档案

昆虫名：螽斯

绰　　号：蝈蝈、螽斯儿、纺花娘

身世背景：世界各地都有分布，多数种类分布在热带和亚热带地区

生活习性：喜欢栖息于谷物田间或灌木丛中，也有少数种类栖息于穴内、树洞和石头底下，喜欢吃豆科植物的嫩茎与嫩果实

绝　　技：靠一对覆翅的相互摩擦发出各种美妙的声音

武　　器：右覆翅上具边缘硬化的刮器、发音锉

绝妙的歌手——螽斯

早晨，阳光透过枫叶的脉胳，影子落在阳台的护栏上，斑驳陆离。荒石园里莴苣、野苣、菊苣的叶子鲜嫩翠绿，普罗旺斯的蓝黍，也就是狗尾草随处可见。

白额螽斯蒂文采满了一大堆蓝黍，它用大颚插入穗子，把还没有成熟的籽粒叼出来，慢慢咀嚼。这种蓝黍是白额螽斯蒂文爱吃的，当然，它比较挑食，对于外壳和叶茎是不吃的，只吃穗子里的肉。

白额螽斯蒂文天生一副好嗓子，是个天才歌手，而且它还仪表堂堂，这在螽斯类昆虫中是首屈一指的。它爱穿着灰色的衣裳，还长着强健而有力的大颚，象牙色的面孔也很宽阔。盛夏时节，白额螽斯蒂文常在草禾上，在长着笃藕香树的石子堆散步，经常引吭高歌，因为它是个快乐的单身汉。

盛夏时节，螽斯跳跃于禾木间，不断地鸣唱，它天生有一副好嗓子。

在流金铄石的盛夏时节，为了不让食物这么单调，白额螽斯蒂文去采摘了一种不怕夏日炎热的厚厚的阔叶植物，其实就是很普通的马齿苋。还有一种是生长在菜园作物中的野草，这种颗粒饱满的半熟果实是一种富含营养而又美味的佳品。

白额螽斯蒂文对籽粒的爱好，让别人都感到十分惊讶。希腊语 Dectikos 是"咬""喜欢咬"的意思，这是一个具有特别意义且读起来又朗朗上口的词。白额螽斯蒂文的确是很喜欢咬，当然，也不妨咬啃蓝翅蝗虫和其他螽斯。如果人的手指头被这种粗壮的白额螽斯蒂文咬住了，是会流出血来的。白额螽斯蒂文笑得前仰后翻，像是指着人说："因此，你最好当心一点儿。"

一般来说，白额螽斯蒂文一天吃两三只蓝翅蝗虫还不够。在吃蝗虫的时候，它几乎会整个都吃下去。唯一例外的就是前后翅。除了这些野味以外，它们还会吃黍禾的嫩籽粒。它的胃已经到了来者不拒的地步，这种生活习性自然是承袭了它的祖先，就像它爱歌唱一样。

天气十分炎热，以至于让人有昏昏欲睡的感觉，这正是午睡时分。休息了很长的时间，白额螽斯蒂文起身站起，它在轻轻地摆动触角，看上去神态有些庄重，但它并不是在非常随意地漫步。它把前翅稍微抬起来，发出一两声"蒂克—蒂克"的声音。过了一会儿，它变得越来越活跃了，唱歌的节奏也在逐渐加快。它相信自己的歌声是这世上最悦耳的篇章。

隔壁的花园里，住着一只漂亮的螽斯琴，它每天准时会到路口的井里汲水，细细的腰肢一摆一扭，像柳枝般的飘逸身影，时常牵动着雄螽斯们的视线。白额螽斯蒂文也是每天上午十点钟出来散步，一路走一路歌唱，它们经常会在路边相遇，互相触触须角，问个好。

这一天，白额螽斯蒂文又在路边散步，遇上了另外两只雄螽斯。空气出奇的清新，周围满是碧翠的野草，它们结伴而行。白额螽斯蒂文心情也出奇的好，于是，它放开喉咙开始歌唱，它的歌儿是这么唱的："当云彩把太阳遮住了，歌声就停止了。而太阳一旦重新露出来，歌声又会重新

螽斯多栖息于田间或灌木丛中，喜欢吃豆科植物的
嫩茎与果实。

响起来。"两只雄性螽斯都起劲地鼓掌，大叫："好，好！"

　　此时，螽斯琴提着水桶出来了，穿着蓝色的外套，白色的长裙，真是楚楚动人，那两只雄螽立刻被吸引了，它们快乐地叫唤"琴——琴"，拍打着翅梢，吹着响哨。白额螽斯蒂文回过神来，停止了歌唱，看着螽斯琴走来。只见它经过三只螽斯旁边，目不斜视，撮着小嘴，迈着碎步，轻盈而妩媚，两雄螽又兴奋地大叫起来，白额螽斯蒂文有些反感它们所为，于是，沉默起来，侧目而视。

　　螽斯琴从井里汲满一桶水，提着返回，两只雄螽争着要帮它提水，可螽斯琴不让，经过白额螽斯蒂文身边，它放下水桶，直起腰来歇了歇，白额螽斯蒂文很想去帮一把，又怕被拒绝，所以，它一直犹豫着。一会儿，螽斯琴意味深长地看了白额螽斯蒂文一眼，提着水返回了它的园子。

两位雄螽斯"嘘——嘘"地起哄，最后各自散去。

白额螽斯蒂文依然坚持它的歌唱，不久，成了远近闻名的歌手。它经常出入各种场合去参加歌手大赛，只是一直未拿到大奖，甚感遗憾。不过，白额螽斯蒂文从没放弃。

又是一个温暖的七月，依然未成功的白额螽斯蒂文满怀沮丧回到家，它来到路边散步，因为这两年总是往外赶比赛，很久没来这儿散步了。白额螽斯蒂文喁喁的歌声，伴随着清脆的鸣唱在不断升高，像摇动的纺车在连续不断地发出响声。白额螽斯蒂文又唱起了那首过去的歌谣："当云彩把太阳遮住了，歌声就停止了。而太阳一旦重新露出来，歌声又会重新响起来。"

几只雌螽斯在暖洋洋地晒着太阳，触角一点儿都不动。另几只螽斯一边在吃蝗虫，一边在唠着闲事。这样看来，白额螽斯蒂文的鸣唱只不过是在抒发自己的生活乐趣罢了，它没有看到园子的门打开，也没见一个苗条的身影走出来，白额螽斯蒂文有点失望。这时，两只雌螽斯尖声尖气的声音在说螽斯琴的名字，白额螽斯蒂文竖起了耳朵听起来。

其中一种尖尖的声音说，去年，七月底的时候，螽斯琴结婚了。婚礼的整个过程充满了压抑，一点儿都不浪漫。这一对新人没有那激情的前奏，简单的仪式后，它们木然地并列而坐，偶尔脸靠着脸示示意，彼此用细细的触角互相触摸一下。新郎显得很拘束的样子，它摸摸脸庞，搔搔脚板，有时还发出点声音，以缓解紧张的气氛。这时候，它非常想把自己歌唱的天赋发挥出来，但它没有用动情的歌声表达自己的爱情，而是一直在抓脚。在新娘面前，它几乎一言不发。看到新娘的脸上没有什么表情，新郎似乎有些失望。它们认识的时间太短了，相聚时也不过是互相致意。它们面对着面，却几乎没什么共同的话题。一个细细的声音说，当时是因为新郎承诺在婚礼上献给它美妙的歌，所以，螽斯琴便同意嫁给他。

还有尖尖的声音说，当时因为感觉到一种无形的压力，新郎无法献

螽斯停留在草上，暖洋洋地晒着
太阳，触角也一动也不动。

上美妙的歌，它在一片嘘嘘声中夺门逃跑。最后，它们莫名其妙地分手，各奔东西了。

尖声尖气的声音继续讲述，据说，第二天，螽斯琴和它的新郎又相遇了。不知为什么螽斯琴又答应了新郎，条件还是它必须纵情地歌唱。新郎歌是唱出来了，但唱歌的时间并不长，虽然唱得也很努力。除此之外，它们依然像前一天一样，彼此用触角抚摸，螽斯琴还拍打新郎肥胖的腹部。雄螽斯依然很紧张，它搔着自己的脚，似乎在思考什么事情。几天以后，螽斯琴的新房发生一件大事，它把自己的丈夫打翻在沙地上，紧紧地勒住它，那个可怜的新郎六脚朝天，大叫起来。它惊魂未定，掸掉身上的灰尘，又讨好地对着新娘歌唱起来，这时，螽斯琴的眼中才露出温柔的光。

几天以后，人们发现那只雄螽斯。它看上去有些干瘪，神情也十分萎靡，就好像是因为做一项伟大的事业而被累垮了。它全身蜷曲着，一直待在原地，没有一点儿动静。恢复自己的精力之后，这个小伙子爬起来，就离开了。也就是过了15分钟的时间，它吃了点儿东西，就又开始了以往的鸣唱。这个时候的歌声中似乎少了很多热情，远远不如婚礼前那么响亮。但是不管怎样，这个已经筋疲力尽的雄螽斯，已经尽了自己最大的努力。

第二天，因为雄螽斯吃了些蝗虫大餐，所以恢复了力气。它再一次弹奏起琴弦，这声音比以往还要响亮。它看上去就像是一个新手，初出茅庐，而不像是老兵，早已久经沙场。它今天的歌唱，尽管听起来还是那么欢快，但绝对不是一首祝婚诗。

不管雄螽斯用触角怎么挑逗着螽斯琴，螽斯琴都不再理睬它。雄螽斯的歌声越来越微弱了。两星期过去了，雄螽斯已经闭口不再唱了，没有力气再拨弦，在这个时候，即使扬琴也奏不出乐曲了。雄螽斯开始绝食了，它想找一个安静的地方待着，但疲乏地倒了下来。

尖声尖气的声音继续说：很显然，它这样不停地唱并没有任何目的，即使这是对爱情的召唤。但这个时候，所有的一切都已经结束了。终于有一天，雄螽斯的生命枯竭了，扬琴也没有一点儿声音，这位热情的歌手死去了。

那个细细的声音说，螽斯琴本来就是个挑剔者，雌性昆虫都说其实它喜欢的是一个天才的歌手，而这个天才却漠视它的存在，于是，螽斯琴早已把所有的爱情都埋葬了。

听完这段话，白额螽斯蒂文痛苦地一阵阵呻吟，但它发现自己的声音没有任何悲哀情绪，反而和它在晒太阳时欢愉地歌唱的声音是一样的。不管它表达的是自己的痛苦还是欢乐，它的乐器奏出的音符都是相同的。它终于知道了为什么自己不能成功，没有爱的歌手是唱不出最美妙的声音的。罢！罢！罢！它决定不再去追求所谓的梦想，只在乡间做一个最自然的歌手，把最美的歌声唱给最爱它的人听。

白额螽斯蒂文分明看到一个苗条的身影提着水桶走来……

第四章

植物的杀手

——距螽

昆虫档案

昆虫名：距螽

身世背景：距螽是一种螽斯科的昆虫，身体呈现绿色或者褐色；虽然体形没有螽斯大，但生命力十分旺盛

生活习性：常常藏在草丛中和树林间，以植物为主要食物，如生菜叶子等

绝　技：擅长跳跃，雄性距螽能够发出声音来吸引雌性同类

武　器：颚

距螽宏的非洲之行

距螽宏生活在阿尔卑斯的万杜山那高高的圆形山顶上，那里一年当中有半年时间都有积雪。当春回大地时，亲爱的距螽宏挺着肥肥的肚子，在绿色草丛中来回跳动。它身着镶着橄榄黑条纹的缎白色休闲衣衫。前翅是两片很短的白色薄片，互相隔开，这两个小薄片犹如弦弓和扬琴，距螽宏常会拨动琴弦，为美好的生活深情歌唱。它是一个快乐的爵士乐手，足迹随着爵士乐队，踏遍了欧洲的山山水水。

白额螽斯文是非洲南部的一只雄性昆虫，它有着漂亮迷人的眼睛，皮肤黝黑健康，随叔叔汤姆生活在一起。在法国的普罗旺斯和朗格多克是看不到像白额螽斯文这样的昆虫男孩的，它需要的是能使橄榄树成熟的那种充足的阳光。

距螽常生活在草丛和树林间，
非常擅于跳跃。

距螽宏的爵士乐队随它们的快乐车队来到了非洲南部。这些颠沛流离者，好像并不留恋故乡那寒冷的山峰和北方的虞美人及虎耳草。爵士乐队到处旅行，它们吃过阿尔卑斯的早熟稻，尝过塞尼山的堇花，也嚼过阿里奥尼的风铃草。到了非洲，它们开始尝到菜园子里的天香菜，当然，它们是一点儿都不迟疑地接受这一切改变，因为爵士乐队永远在旅行的路上。

白天，距螽宏在街头卖艺；晚上，在野外露营。在这里它目睹了一只雄性昆虫作为礼品被献给女巫昆虫的过程，它就是白额螽斯文。距螽宏知道，并不是因为受高温的刺激才会有这种异于寻常的婚姻习俗，在昆虫的王国里，不管热带还是寒带地区都存在这种异常的婚姻。在昆虫的巫界里，它们吃濒死的蝗虫，吃植物和动物，甚至还蚕食同类。假如阿尔卑斯昆虫居民中有谁步伐不稳、行动不便，它的同伴就会毫不犹豫地吃掉它。

距螽的巫界里，在金属网炼狱里，身上佩戴尖刀的螽斯女巫常常会牢牢抓住网纱。雄螽斯背部向下，它用多肉的后足长跗节撑在女巫的肚子上；用前面四条腿，而且常常还要加上大颚，抓住斜插着的那把尖刀。身陷牢狱的距螽必须要献出一粒白色葡萄核。而女巫呢，则是面不改色，镇定自若，小口小口地啃食新郎的肉。比修女螳螂更加骇人的残忍，没有节制的发情，食肉与纵欲同行，或许这就是古代野蛮行径的残留吧。瘦弱雄虫一旦献出白色葡萄核，就得赶紧逃走，否则就会有被杀死的危险了。

再说说白额螽斯文吧。它在炼狱里遭受了异乎寻常的虐待，凭着智慧和体力逃过了一劫。它必须忠心地照看女巫的家，在前面叙述的怪异行为发生不久以后，女巫螽斯就开始产卵了。伴随着卵的成熟，女巫张牙舞爪挥着六条腿牢牢地支撑起身子，肚子弯曲成半圆形，接着把尖刀直直插进地里。网罩里的土地是筛过的沙土，比较松软，所以产卵管很容易插进地里，一直到了底部，约有一法寸深。它一动不动地产卵，大约过了15分钟，它稍稍提高尖刀，腹部猛烈地左右摆动，产卵管交替做横向运动，产卵洞被扒大了一点儿，同时从洞壁上刮下来的土就把洞填满了。此时，

植物的杀手——距螽

当大地回春时，距螽就挺着肥肥的大肚子在草丛中来回地跳着。

为了压实土地，它把半埋着的产卵管稍稍抬高，然后再猛扎下去，这样连续反复多次。白额螽斯文是逃不出女巫的巢穴的，因为在巫界里，任何行为都有无形的准则约束着，如果行为不规，它依然会被杀死。

女巫把60多枚卵产在土里，卵呈浅灰色，没有瑕疵，排列成矛梭状，椭圆形，有五到六毫米长，闪出怪异的光来。

八月底，距螽宏爵士乐队准备离开非洲，在街头作最后的表演。女巫的车队来了，它挥舞着双刀，向昆虫们致意，距螽宏看到了白额螽斯文，它弓着瘦弱的身子拉着女巫笨重的身体。距螽宏正吹奏着快乐的《春天进行曲》，女巫非常高兴，便停下来观看。白额螽斯文乘女巫没注意，溜了出来，正要离开时，被女巫发现了，女巫嘶声尖叫起来，挥舞着双刀追来，白额螽斯文绝望地对着距螽宏大叫声"救我"，不过，这时距螽宏蒙了，还来不及反应，白额螽斯文便被双刀钳制住，女巫怪叫一声，挟着白额螽斯文遁入地下不见了。

距螽宏再也没见过白额螽斯文了。爵士乐队就要离开了，距螽宏却留了下来，它想寻找白额螽斯文，那可怜的白额螽斯文，让距螽宏忘不了它求救时的那双凄惨漂亮的眼睛。

第二年的六月，在田野里，距螽宏看到一群小螽斯，阳光明媚的初夏，这里有螽斯出现，那就有可能找到白额螽斯文。

距螽宏猜测，女巫的巢穴就在附近，它把卵如同植物种子一样种在土里，接受天地精气的滋润。

草地上，一群螽斯笨拙地跳跃着，它们将要长成一群小女巫，长触角细如头发丝，后身有两条不同寻常的长腿，这对高跷似的腿是用来跳跃的大撑杆。平时走路都行动不便，那么，如此柔弱的小螽斯是如何钻出土的呢？距螽宏不知道小螽斯靠什么神力、用什么办法在坚硬的土地中打通了一条道路。一粒小小的细沙就可以折断它那如同羽毛饰的触角，稍微用力就可以碰断它的长腿，这个小东西似乎没有办法钻出地面呀。

距螽宏钻入地下，进入了一条隧道，它被眼前看到的景象惊呆了。它看见一个细嫩的肉白色小若虫外面包着一个套筒，6条小腿紧紧地贴在肚子上，向后伸展。为了能在土里滑动，它的腿按照身体轴线的方向紧紧抱在一起，另外一个碍事的器官触角也一动不动地贴在套筒上。头呈120°弯曲到胸前，眼睛像个大黑点，整个脸略显浮肿，看起来是模糊不清的面孔，让人想起潜水员的面罩。它的颈部弯曲，一张一弛，这就是前进的马达。凭借这个马达，新生的若虫才可以前进。当颈部收缩的同时，它会用身体的前部扒开一点儿潮湿的细沙，挖一个小洞，钻进里面；当颈部鼓起来后，它就变成小圆球，紧紧地塞入洞里，后身收缩，这样它就前进了一步。

这是一些螽斯新生儿，它们看上去还没有颜色，就开始用膨胀的颈部钻掘坚硬的泥土，真是叫人惧怕，或许这是女巫赋予它们的巫术。它的透明的蛋白质还不曾转化为肌肉，就要忍受痛苦，去和石头搏斗。没有任何东西能阻碍生命的诱惑，不过它的努力没有白费，一上午的时间，它就打通了一条或直或弯的通道，约有1英尺长，直径有中等麦秆那么长。这只筋疲力尽的若虫，终于到达了地面。

距螽若虫用力撑破保护着
它的外壳，蜕掉了帮助它
钻出地面的外套。

　　在还没有彻底离开出口井之前，它先休养生息，养足精神，然后再作最后的拼搏。小若虫泡鼓胀起来，正用力撑破直到现在还保护着它的外壳，蜕掉帮助它钻出地面的外套。

　　这个时候，螽斯终于具有少年的形象了，虽然它依然苍白。次日，它变黑了，而且是与成年螽一样的黑色。只不过大腿下面有一条狭窄的白斑条纹，这颜色预示着，等到它完全成熟时，会拥有一张象牙色的面孔。

　　距螽宏无比感叹地咏唱起来。眼前孵化的弱小的螽斯啊！你需要战胜多少困难才可以开始你的生命啊！你的伙伴们，在你获取自由以前就已经死去了。你生活在松软的土地里，你是个幸运儿，你这个缠有白带的小黑孩子，现在终于可以安全地来到外面了。我多想喂给你生菜叶，让你快活地在我的房子里跳跃。既然如此，你离开这里吧，你回到草地上去吧，我将会为你准备一阵蝗虫大餐！你能告诉我，你的父亲白额螽斯文在哪里吗？

　　距螽宏正感叹的时候，黑暗里传来了白额螽斯文的声音，距螽宏终于找到了可怜的昆虫男孩，它声音微弱，看上去疲惫不堪。距螽宏解除了白

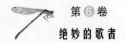

额螽斯文身上所有的枷锁。

它们手牵手要离开巫宫时，距螽宏问白额螽斯文，那些小若虫那么可爱，为什么会变成女巫呢？

白额螽斯文说，现在的小若虫还没有巫力，当它们变成幼虫时，当触角与长腿部裹在防护服里时，女巫就会施法术，使幼虫变成僵尸，不久，这些幼虫就要变成女巫了。

距螽宏急切地问，会有什么办法阻止女巫吗？

距额螽斯文说，让育婴室的幼虫都染上一滴正常螽的鲜血，这样巫术就会失效了。

距螽宏听完立刻想到实施计划。白额螽斯文紧张地说，女巫马上就要到了，恐怕来不及了。

距螽宏一头钻进育婴室，撕开手臂上一块肉，鲜血立刻喷出来，它迅速把一滴滴血洒在幼虫头顶上。

听到白额螽斯文的尖叫声，距螽宏知道女巫来了，它一定嗅到气味寻到了这里。

瞧，白额螽斯文披着一身绿油油的衣裳，神气活现地站在这儿，正在与同伴密谋一件大事情呢。

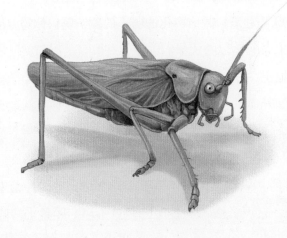

女巫挥动双刀，劈头就是一刀。距螽宏躲闪过了。白额螽斯文侧身挡在它们之间，距螽宏给最后一只幼虫滴上血，拉着白额螽斯文钻进泥层深处。女巫追了一路，没发现踪影，又返回育婴室，时间到了，她开始实施巫术。

距螽宏与白额螽斯文偷偷潜回来，躲在女巫后面的小泥山后。因为白额螽斯文告诉距螽宏，当女巫施完巫术后她会闭目休息片刻，这时候女巫巫术会处于暂停状态，如果此时突击，极有可能杀死女巫。

事实正应了白额螽斯文的话，女巫对幼虫施完巫术后，发现巫术失效，勃然大怒，因为体力不支又怒气攻心，变得更加虚弱，于是赶紧闭目休养。机会到了，于是，距螽宏与白额螽斯文联手，一举杀死了女巫。

那些育婴室的幼虫的颈部开始生出一个鼓泡，它们将这个跳动着的小泡充当了运动机制，它们用如此奇特的东西来行走。不久，它们必将钻出地面，成为新一代白额螽斯文而并非女巫了。

而距螽宏的爵士乐队又开始环球旅行了，只不过这支队伍里新增加了一名成员，名叫白额螽斯文。

 艾丽尔的生日音乐会

艾丽尔住在科西嘉一个叫阿雅克修的地方，这里盛产蔬菜，有品种繁多的矮灌木。灌木花开的时候，香气四溢。因此，艾丽尔的别墅也有了个别致的名字：香岛。

在众多的昆虫艺术家中，艾丽尔可谓姣姣者。虽然如此，它依然执著地追求完美，不畏寂寞。

艾丽尔的老师曾对它说过，艺术载体是三种物质，那就是形状、颜色和声音。大千世界有千变万化的造型，那是任何雕塑家的刻刀都无法雕刻出来的。对大自然的艺术，我们可以模仿、重组，却没办法发明。

艾丽尔热衷于音乐艺术，它从大自然中吸取灵感来丰富自己的创作，因为它知道那些美妙的声音只存在于大自然中。比如暴风雨在树林间呼啸的声音，波浪冲击海岸的声音，还有云层中炸响的雷音，艾丽尔都会为此震撼。又如细风吹拂着松针的妙声，蜜蜂在百花中私语，艾丽尔也会被感动。它们虽然都是单一的声响，一切的音符之间没有必然的联系，而在艾丽尔的音乐中，它却能让大自然的声音有机地结合起来，并使它得以升华，这就是音乐的至高境界。

艾丽尔在阿雅克修度过了它最美妙的青春岁月。今天是它的生日，几天前，它就着手准备一个美妙的生日音乐会，因为它要邀请的是所有艺术界的朋友，这将是个杰出的音乐大餐！

七月的夜，拉下了色彩的序幕，高贵的艺术家们接踵而至。

那些鸟儿雅士展翅而来，不断起伏的颤音曲调出现了：嗥呀、吠呀、吼呀、啾呀。森林的殿堂呈现一片祥和。看，是生命在歌唱！

青蛙王子打开它肺的音箱：呱呱的叫声含混不清，是水中的王国哗哗流淌着音乐，碧翠、玉脂般的色彩弥漫开来。

鞘翅目昆虫组成小合唱队，绅士般走来，松树鳃金龟通过用鞘翅弦拉响一根背骨吉他；天牛通过前胸在胸的其余部分的关节上活动发出口哨的声音；盔球角粪金龟叽叽喳喳叫起来。金龟子、苍蝇、蜜蜂、蝶蛾，它们用盒子作为音箱奏响了美妙的协奏曲。接下来是蝉、蟋蟀和螽斯。这是泥土养育的万物，是世界的一片生机。

白额螽斯金属般的歌声传来，尖锐并且有些生硬，"蒂克—蒂克"，声音逐渐升高，然后快速的清脆声音还伴随着低音鸣唱。最后，不断在上升的音调里，有金属的音符由强变弱，又变成单调的摩擦声——"弗鲁—弗鲁"声。螽斯拉开琴弓，它非常完美地把琴弓与琴弦结合在一起，这美妙的乐器是独一无二的。

歌手停停唱唱，唱唱停停，持续了很久。艾丽尔作为音乐会的主角自然要表演一番。它穿着漂亮的礼服一边歌唱一边翩翩起舞，它似乎看到

青蛙正打开它肺部的音箱，呱呱地叫声，
它也算是个爱唱歌的家伙。

了无边的小麦，看到了绵延的山谷。此刻，它想起童年时的欢乐。

艾丽尔的童年和少年也是在科西嘉的阿雅克修度过的。记得有一天，附近的孩子为了感谢它的帮助，给了它一些糖衣杏仁吃，让它欣赏它们准备的一首小夜曲。先是传来一阵阵奇怪的声音，声音虽然不合规则，却十分柔和。艾丽尔跑到窗户边往外看，它看到了所有的合唱队员。它们神色严肃，排成圆圈，中间站着领唱。

叶子鼓起，那些没有成熟变硬的芦管被一部分孩子叼着。它们以一种庄重的调子吹着这个草秆，好像希腊人对待圣物的态度，唱着"沃塞罗"。在成人眼中，也许这并不是音乐，虽然带有天然的缺点，没有明确形式。但鼓胀的草秆叶子的笛声，极其悦耳动听。这首美妙的小夜曲撩拨着艾丽尔许多无眠的孤寂。

不错，在艾丽尔的记忆中，由科西嘉小孩演奏的小夜曲就像迷迭香丛中的蜜蜂嗡嗡声，给它留下了难以忘怀的回忆，乡间芦笛清脆的单调声让人迷恋沉醉。可是如今，这些质朴无华的东西正在远逝！艾丽尔觉得，今天的演奏，为什么必须有低音大号、萨克斯、长号，有活塞的管乐器来加入，当然还可能有其他所有能够想象的铜乐器、大鼓、炮声。难道这就是进步吗？

由于年代久远，古代的音乐都渐渐淡去，那些声音在耳边变得奇怪甚至是刺耳。现在的人们已缺乏对被岁月湮没的那种原始声音的敏锐感觉，也许我们必须回溯到心灵淳朴的境界，才能领略到阿波罗赞歌之美，也许洋葱叶演奏的歌声才会让我们感觉到那种美妙。

无论是以前还是现在，美的东西是不会改变的。

将近十点，音乐的盛典依然继续。

蝈蝈唧唧的鸣叫声像摇动的纺车，细小得几乎听不出来的金属碰击声也夹杂在中间。

蝈蝈穿着棕色的礼服走来，它肚子垂下来，一张一缩地打着拍子，这中间似乎还伴随着鸣唱。

接着，螽斯的琴弓又拉响了，歌声还是快速的"呼噜—呼噜"，好像黑山雀唱歌。

灰螽斯的琴弓已有将近50个齿，中间螽斯的琴弓还有80个齿。两种螽斯的右前翅上，在镜膜四周有几个半透明的空腔，显而易见是用来增加振动部位的面积的。

不管如何，这是个大自然最纯粹的音乐会，无论是蝉的高音，还是蝈蝈的中调，或是蛙的嘀咕，都是最自然的，也是这世界缺一不可的。

从最大的蝈蝈、白额螽斯和草螽，到最小的跳螽、小螽斯，它们都迈着优雅舞步，拉响琴弓，拨动扬琴。

曾经为了唱得更好，距螽放弃了飞行。为了更美妙的声音，葡萄树距螽在它的乐器上做了小小的改动，利用飞行器官的残余部分，改制成专门的唱歌器官，因此能够发出响亮的声音。

这种改进，非得从专业的方面来探索。在很早的时候，昆虫们就会发出声音，昆虫的发音器官没有什么根本的改进。后来动物出现了肺，却

植物的杀手——距螽

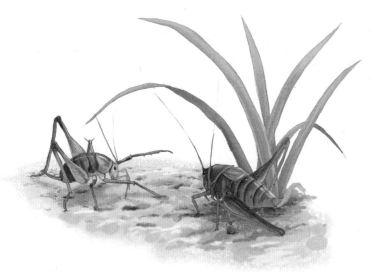

蝈蝈和螽斯都拉开了架势，亮开自己的歌喉，
开始了一场华丽的音乐会。

仍然不会发出声音。有一天，水池边传来了蛙的叫声，这可能是大自然音乐会的原始开端。不久，不知什么时候还加入了乌鸦的嘎嘎声、鹌鹑的咕咕声以及夜莺的小曲声。从声音的产生来看，这是一种持续进步的过程。

所有虫们的歌唱总是对欢乐的表达，也有忧愁的倾诉，也是对危险的恐惧和担忧，让快乐与伤悲在歌唱中得到抒发吧。艾丽尔举起诱人的葡萄酒杯，用歌声邀请每一个艺术家们痛饮一杯。晚会进入白热化阶段，朋友们一对对跳起了优雅的探戈。

雄距螽和雌距螽上台了。它们是一对夫妻艺术家，雄距螽是个左撇子，它用上方的左前翅来完成弹奏；而雌距螽用下方的右前翅来拨琴。它们唱着低沉的歌声，诉说着缠绵的感情。相信虫们在听着这山盟海誓的窃窃私语时会感受到十分的温柔和甜蜜。

虫们欢乐起来，相互冲动地用声音来表达欢乐，好像得到满足的纯粹艺术家，又好像工人傍晚从工地回到自己家时，吹着口哨唱着歌。它们通过这朴实无华的、几乎无意识的情感抒发，表达了自己的欢乐，这歌声唱

野外的夜晚，雄性唱出动听的声音，向雌性发出求爱信号，使得夜晚不再寂静。

出了昆虫生命的美好。歌声在宏大的协奏曲中激昂起来，生命在呼喊中向上奋进……

当一丝霞光印在水塘时，一切生命正渐渐苏醒，杂乱的餐具、横七横八的乐器，还有还在酣睡的艺术家们，几个小螽斯在草地上仰卧着，它们把后腿伸得直直的。

当神圣的阿波罗驾驶着金色的马车，当强烈的阳光完全射在窗户上，蜻蜓在荷塘穿行，有着蓝色肚皮的豆娘在溪边的灯芯草上飞舞着。索罗德鱼披着坚实的盔甲，还带有可怕的武器出来散步。生命的音乐重新升起，让我们为生命歌唱吧，艾丽尔！

艾丽尔的生日音乐会结束了，它在艺术的道路上继续前行，无论是快乐，还是悲伤。

第五章

绿色的精灵

——蝈蝈

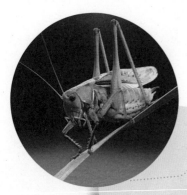

昆虫档案

昆 虫 名：蝈蝈

身世背景：一种擅长鸣叫的螽斯科昆虫，身体呈扁形或者圆柱形，有比身体还长的触角，分布在我国的各省区

生活习性：杂食性昆虫，更喜欢食肉，主要以捕食昆虫及田间害虫为生

绝　　技：尤其擅长鸣叫，具有超强的弹跳力，遇到危险时可以通过快速弹跳来逃脱危险

天　　敌：各种各样的小昆虫，如蚂蚁，蜘蛛、螳螂等

　　我家附近，绿色的蝈蝈并不多见。一名护林人却给我送来了一对科嘉德高原上的绿色蝈蝈。这种昆虫非常漂亮，浑身嫩绿，身体的侧面有两条淡白色的丝带。它们身材苗条，大大的翅轻盈如纱。

　　在我家笼子里定居的两只绿色蝈蝈，正吃得津津有味。我变换花样，给蝈蝈吃水果：几块西瓜、几片梨、几粒葡萄。蝈蝈的这个习惯和英国人的习惯有几分相似，它们都酷爱吃蘸酱的带血牛排，这可能是蝈蝈为什么抓到蝉后先吃肚子的原因吧，大约肚子里既有肉又有甜的东西。

　　可是，不是在任何地方都能吃到甜的蝉肉的。在北方地区，翠绿色的蝈蝈很多，却找不到它们喜欢吃的食物。可以断定的是，它们肯定还吃别的食物。

　　为了证实这一点，我给它们吃绒毛鳃角金龟和松树鳃金龟，这两种东西漂亮而且多肉。结果证明蝈蝈确实喜欢吃昆虫，尤其是没有坚硬盔甲的昆虫。当然也喜欢吃一点儿水果的甜汁。有的时候没有什么好吃的，它们也会吃一点儿草。在蝈蝈的世界，同样存在着同类相食的现象，大凡带刀的虫子都不同程度地表现出这种爱好，其目的除了"生存"，或者仅仅是古老的习惯吧。

绿色的蝈蝈对水果也很感兴趣，一片梨子也能让它吃得津津有味。

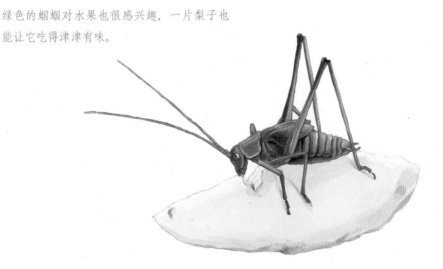

关于这事我们不再谈。在那只笼子里，蝈蝈们之间极其和平地相处着，它们之间不会发生严重的争吵。如果扔进一片梨，便立刻会有一只蝈蝈趴在上边。因为妒忌，无论是谁过来咬这美味的食物，它都要将其踢走。不过，假如它吃饱了，便会立刻把食物让位给其他的蝈蝈，而另一只蝈蝈也会用同样的方式吃完美餐，然后它们用喙尖抓脚底，沾点唾液擦脸和眼睛，然后躺在沙土上，优哉游哉地消化食物。它们大部分的时间都在休息，炎热的天气更是如此。

到了傍晚，当太阳下山之后，它们就开始兴奋起来。大概九点钟达到了高潮。它们来来回回地走动，在圆形的笼子里又跑又跳，闹哄哄的。看见好吃的东西就吃，兴奋得不会停下脚步。

笼子的各个方位都会有雄蝈蝈儿，它们或鸣叫，或用触须挑逗雌蝈蝈儿。那些未来的母亲半举着尖刀，神态凝重地溜达着。对于这些激动而浮躁的雄蝈蝈儿来说，交尾是当前最大的事情。

蝈蝈儿的婚礼前奏时间非常长。一对热恋中的蝈蝈脸对着脸，头挨着头，用柔软的触角长时间地互相触摸。雄蝈蝈儿不时叫几声，拨动琴弦，然后就不吱声了。虽然已是深夜十一点了，可是蝈蝈们的爱情表白还在继续。

第二天上午，雌蝈蝈的产卵管下面垂着一个奇怪的东西。这是一个乳白色的精子囊，大小像豌豆，隐约分成一些蛋形的囊。

两小时之后，当精子囊空了的时候，雌蝈蝈儿把它一块块地吃下去了。这种现象是在继白额螽斯之后又在蝈蝈身上出现的。因为地球上最古老的物种之一便是螽斯，这样可以推断，既然老祖宗如此，那么在整个昆虫界中，应该都会有这种怪异的行为。

还是让我们再去咨询另外一种带尖刀的昆虫吧。

七八月间，雄距螽在一旁低声鸣叫，它的琴弓有节奏地弹着，整个演奏充满激情，它的身子在不断颤动。雌雄距螽迈着慢步，好像有点儿紧张，它们逐渐靠在一起，面对面一动不动，它们的触须轻轻地摇摆着，前腿好像有点儿不自然地抬起。好几个小时过去了，它们究竟谈了些什么呢？或

者是海誓山盟呢？它们互相抛媚眼又意味着什么？紧接着它们吵架了，分手了，之后各奔东西了。时间不长，又重聚在一起，又开始了爱情的表白。

到了第三天，按照习性，雄性距螽小心翼翼地钻到雌性距螽身下，在后面把身子伸直并且仰卧着，然后紧紧地抱住产卵管作为支撑。终于完成了交尾。它排出了一个巨大的精子袋，像一个乳白色覆盆子。中间有一条浅沟，把整个精子囊分成对称的两串，每一串都有七八个小球。在产卵管的底部，左右两边的两个结节比其余的更加透明，里边含有一个鲜艳的橘红色的核。这装置是由一根茎固定着。

精子已放到该放的位置，干瘪的雄距螽就一溜烟跑了，它跑到一块梨片那里去补充能量，等待着重振旗鼓。雌距螽则提起那个和它身材一般大小的古怪东西，慢慢地在金属网上小步溜达着。

在梧桐树上，正在散步的蝉遇到了非常厉害的蝈蝈，它是很难敌过对手的。

两三个小时很快就过去了，雌距螽开始把身子蜷在一起，花上整个一下午的时间细细地咀嚼吞食袋子。第二天，我们会看到袋子不见了，一夜之间它被雌距螽全部吃掉了。雌距螽的表情带着些许忧虑，仿佛是对爱情的祭祀。

不管是白额螽斯、阿尔卑斯距螽、蝈蝈儿、葡萄树距螽、镰刀树螽，它们在乡村生活的情况足可证明，螽斯类昆虫和蜈蚣、章鱼一样，都是这种古老习俗继承的代表。它们继续演绎着遥远年代奇特的繁殖行为及生存本能，这是物种进化中珍贵的标本。

清晨，乡村醒了，风在门外遛达。突然有什么东西从旁边的梧桐树上落下了，同时还伴有刺耳的吱吱声，那是一只蝈蝈正在咬着处于绝境当中的蝉的肚子，蝉再喊叫挣扎都无济于事。这场战争就发生在树上，发生在蝉散步的时候。这种情形很像鹰在空中捕捉云雀。不同的是，这种以劫掠为生的鸟儿比昆虫低劣，它只攻击比它弱小的东西，可蝈蝈攻击的是比自己大得多而且强壮有力的怪物。这种肉搏，虽然身材大小悬殊，结果却是拥有锋利大颚和锐利钳子的蝈蝈胜利了。

第六章
素食斗士
——蟋蟀

昆虫档案

昆虫名称：蟋蟀

身世背景：一种直翅目无脊椎昆虫，世界各地都有分布，主要生长在北半球，向南延伸至东南亚和南美

生活习性：习惯穴居生活，常常栖息在地表，砖石下，土穴中和草丛间；喜欢在夜间出来活动

喜 好：个性孤僻，性格好斗；擅长鸣叫，能够用不同音调和频率表达不同的意思

绝 技：大颚发达，强于咬斗

武 器：大颚

蟋蟀约翰的耳朵

如果不是妈妈的叫声，蟋蟀约翰一定还在神宫里遨游。蟋蟀约翰揉着眼睛，瞪着天花板，突然一个念头闪过，它一翻身蹦了起来。胡乱地洗刷后，到饭厅里抓起绿叶团子就往外跑，妈妈的叫声被远远地甩在后面。

在昆虫学校，熟知蟋蟀约翰的朋友，都知道蟋蟀约翰是久负盛名的昆虫攀爬高手。作为草地上的蟋蟀，蟋蟀约翰与蝉圣是齐名的。不仅如此，它俩在歌咏比赛中也是好搭档。蟋蟀约翰有一部分名气也来自圣马德教堂咏诗班。若不是寓言大师拉·封登那令人遗憾的疏忽，对蟋蟀约翰作出了不公平的评价，谁都会认为蟋蟀约翰是个优秀的孩子。

蟋蟀常常栖息在草丛间、土穴中、砖石下等地方，它也是一种善于鸣叫的昆虫。

寓言大师拉·封登曾宣读一篇寓言，大师说，一只骄小的野兔看见蟋蟀耳朵的影子感到害怕，因为它听人说蟋蟀的耳朵是两只尖锐的角，这种尖锐的角犹如匕首给小野兔造成了心理上的阴影，于是小野兔每每遇到蟋蟀，都惊慌地走开。

小野兔说："再见，蟋蟀邻居，我要搬走了，否则，我的耳朵一定会变成像你那样的角。"

这时，蟋蟀感到莫名其妙，它摸着自己的耳朵："这是角吗？你们把我当成傻瓜了吗？它是耳朵不是匕首。"它揪着自己的耳朵说，"这分明是仁慈的上帝送给我的耳朵呀！"

小野兔依然无比固执："可大家都说你长着两只尖锐的角，因为不明的原因，你的耳朵变成角了。"

大师拉·封登读完这段时，所有的同学都转过头来看着蟋蟀约翰。令人遗憾的是，没等蟋蟀·约翰说话，所有人都哄然大笑起来。大师拉·封登用了两行诗就把蟋蟀的品行勾勒了出来。蟋蟀约翰非常委屈，它大大的脑袋里，想过了很多被人耻笑的场景。无论怎样，蟋蟀约翰都想逃离学校。因为，逃跑是被别人恶意中伤时最好的方法。

可蟋蟀约翰还是来到了学校，因为在潜意中它认定逃学是可耻的。一进教室门，一些昆虫同学早来了，它们看见蟋蟀约翰进来，笑成一团。花甲虫说："在上课前，我来讲几句话。"

一片叫嚷声过后，花甲虫清了清嗓门："寓言家说蟋蟀们都不太满意自己的生活，它们常常感叹自己的命运。这个寓言家在故事中也让所有蟋蟀承认了这一点，特别是一个叫蟋蟀约翰的男孩，它不得不承认这一点。"

蟋蟀约翰大叫："不，我不长角，我也不会有这样的命运。你这个无赖。"然后，它憋红了脸去揪花甲虫的脖子。

这时老师进来，大喝一声："住手，约翰，你这个坏孩子。"

蟋蟀约翰又大叫："不，我不长角，也不是坏孩子。"

花甲虫悠闲地停在植物上，与小蟋蟀诉说着昆虫学校发生的事情。

老师生气地敲着讲台："坏孩子约翰才长角。"

众昆虫起哄，蟋蟀约翰冲出教室，不再管老师的惊骇和同学们的起哄。

蟋蟀约翰在草地上漫无目的地走着，它是多么伤心，它想，我是多么爱我居住的地方！我想要幸福地生活。它想起了一首普罗旺斯语的诗歌：

我们都听过动物的传说，
是一只可怜的蟋蟀，
独自在家门口晒着太阳。
有一只美丽的蝴蝶飞过，
这只蝴蝶这样的顾影自怜，
鲜艳的尾巴上，
有着月牙形蓝色的花饰，
还有金色的斑点和黑色饰边。

"飞吧，飞吧，"有个隐士轻声地说，

"日夜在花丛中飞吧。"

你虽有那玫瑰和菊花，

却比不上我简陋的家。

突然刮起了狂风，

蝴蝶被刮进了泥沼，

丝绸的衣裳被烂泥弄脏，

脸儿被污泥沾满，

看那狂风暴雨、电闪雷鸣，

蟋蟀儿在家中安然无恙。

风暴没让它恐慌，

它依然快乐地歌唱，

不要留恋鲜花的幽香，

蟋蟀在自己居住的地方漫无目的地走着，
它也会像人一样有心事吗？

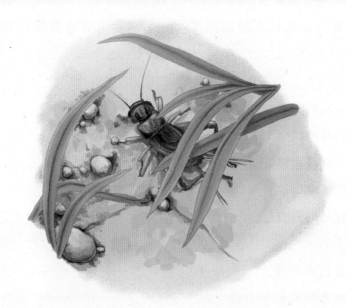

素食斗士——蟋蟀

不要在闲游中耗费时光，

平静地生活，那样才不会忧伤。

在这优美的诗歌中，蟋蟀约翰看到了熟知的蟋蟀妈妈，它腹部朝着阴凉，在洞口休息。它一点儿也不嫉妒蝴蝶的美丽，还非常同情蝴蝶。妈妈不觉得生活的苦，还对自己的住房和小提琴品质非常满意。它总是像一家的总管，它懂得怜悯弱者，当看着那些衣着华丽却无家可归的人时，它总说自己是幸福的。它是既有一丝虚荣又很豁达的人，它爱独享陋室的光阴，远离那些寻欢作乐者的喧哗。

蟋蟀约翰决定去寻找让自己耳朵缩小的方法，这样大家都会认同它的耳朵是耳朵不是角了。

来到一片田野，蟋蟀约翰看见两只蟋蟀正在建房。这些田野的蟋蟀建造了一幢独一无二的住所，它们是多么的心灵手巧啊！当蟋蟀约翰向这两只蟋蟀问起是否有缩小耳朵的方法时，大叔大婶问完蟋蟀约翰缘由，相视一笑。然后大叔语重心长地说："小伙子，你知道吗？秋冬季节，其他的昆虫在临时的隐蔽所躲藏，它们只会利用不费工夫的隐蔽所。有些昆虫却用棉花织成袋子，用树叶编成篮子，用水泥搭成塔等，所有这些奇妙的创造，都是为了安家。而那些靠猎物为生的昆虫，则长期潜伏，比如虎甲，它会先挖一个竖直的井，躲藏起来。一旦有昆虫走上竖井上面的天桥，立马会陷入陷阱。而蚁蛉则把漏斗做在沙土上，又用自己的颈部当做投射器，快速把从斜坡上滑下来的蚂蚁击毙。它们都没有固定的家，一生奔波在捕获猎物的陷阱处。只有蟋蟀会为了自己的安宁，选择既卫生又朝阳的地方，修建自己的家，它们不会像其他昆虫那样，四处流浪，露宿街头。"

蟋蟀大叔继续说："蟋蟀拥有的天赋是其他昆虫无法比拟的。它们没有专门的工具，也不强壮，但很勤劳。那么，是因为它娇生惯养，所以才需要家遮风挡雨吗？不是的。是不是它们有造屋子的固有嗜好呢？也不是。我家附近住着双斑蟋蟀、独居蟋蟀、波尔多蟋蟀。它们和我们的个头

草丛里的蟋蟀在斜坡上挖了一条地道，这样
从外面涌进的雨水就可以迅速被排掉。

差不多，而独居蟋蟀的个头较小，波尔多蟋蟀个头最小。虽然它们是田野蟋蟀的同类，但是它们都不会建造房子。潮湿的草堆是双斑蟋蟀的家，乱石的裂缝中有独居蟋蟀的身影，而波尔多蟋蟀是我们家里的常客，每年的八月到九月，它们都站在舞台上自得其乐地唱歌。所以，我的孩子，会造屋子的蟋蟀才是非常优秀的昆虫，你是幸福的，你不必因为你的耳朵而烦恼。"

告别了大叔大婶，蟋蟀约翰继续前行。忽然乌云翻滚，电闪雷鸣，一会儿，便大雨倾盆。蟋蟀约翰在山洞里躲藏起来，这里住着一个蟋蟀部落。它看见一只居住在草丛里的蟋蟀，为了使外面涌进的雨水迅速排掉，在斜坡上挖了一条地道。那地道随地势延伸，虽然狭窄得不到一个手指宽，最多有9法寸深，却非常有效地排泄了雨水。

雨停了，蟋蟀约翰推开洞穴的挡雨草檐，走出了隐蔽的洞口。它感觉这些蟋蟀的屋舍并不豪华，却简洁明亮。它们的卧室一般都设在洞穴尽头，它们的住宅十分干净简朴，干燥而不潮湿。当蟋蟀们都出来吃周围的草时，周围一片宁静。一只蟋蟀在亭阁里弹琴，因为一只美丽的蟋蟀就要做母亲了。

这只蟋蟀母亲产下了卵。那些卵就像一个不透明的白筒子，顶部排列着一排十分整齐的圆孔，有一顶圆帽盖在圆孔的边上。卵的前端有两个大而圆的黄黑点，那是眼睛。那些小家伙在母亲的注视下，正用头把卵的顶端香水瓶盖子掀起，顺着这条线推开。小家伙像一个顽皮的小魔鬼似的，从魔盒里爬了出来。

小家伙们又扔掉了外壳，浑身灰白，抖了抖已经退化的翅膀。用大颚拱开松软的土钻出了地面。外面雨停了，温暖的阳光照在它的身上。现在，它那么瘦弱，再过一天，它才会穿上乌黑美丽的外套，出去闯世界。

这只美丽的蟋蟀母亲带着它的孩子出来了，小蟋蟀用细细的触须探寻着四周的情况，蟋蟀约翰这才意识到，小蟋蟀没有触角的话，是无法了解这个新的世界的。而它们的耳朵，也是它们的宝贝。蟋蟀约翰开心地与小蟋蟀们一起奔跑、跳跃，一起玩耍，因为它们都属于大自然的孩子。

到了说再见的时候了，小蟋蟀摆动着它们的耳朵，蟋蟀母亲微笑地招着手。

蟋蟀约翰继续前行，它在弯曲的山路上徘徊了很久。突然，它哭了起来，因为它发现自己的耳朵真的变小了很多，这本该是它原本所期望的，可是意外的是，触角却变得不灵敏了，它无法判断方向，它迷路了。还能回到自己的家吗？蟋蟀约翰感到很恐慌。

它想起家里的荒石园，和那每个角落里蟋蟀的家，想到蟋蟀们都平平安安地生活着。它还想到了自己的家园曾经遭受蚂蚁和屠夫们洗劫，它和妈妈以及一部分蟋蟀活了下来，而自己却不辞而别离开了家，妈妈会多么伤心啊！

它想起了每一个冬天，妈妈都要修理房子；每一个阳光明媚的春天，妈妈也要修缮房屋。为了这个温暖的房子，妈妈一直不辞辛苦地劳作着。

它想到明年七月的音乐会，想起去年四月下旬的时候，学校举行的大合唱，它是为数不多的领唱尖子。那时，它觉得自己的歌声从高高的云端飘落到地上，与同学们的歌声遥相呼应，那么欢乐，那么协调。那是赞美大自然的歌，那是种子和叶芽儿才能够听懂的歌，它们的歌唱有谁能比得上呢？就连云雀都忘记了自己的歌词。

蟋蟀约翰大哭了起来，它对着天空大叫，我要回家，我要我自己的耳朵，我要回到妈妈身边去。它哭着哭着累了，找到一棵大树，在树下的石板上睡着了。

野地里，一大片淡紫色的薰衣草在阳光下随风轻摇，蟋蟀约翰一觉醒来，清风送来一阵歌声，它仿佛听到学校里传出的歌声，在庄严地鸣唱。蟋蟀约翰摸了摸自己的耳朵，高兴地跳了起来，它要回家了，因为耳朵恢复了正常，又变得灵敏了。它们只是耳朵，是敏感的触须，绝不是尖锐的角。

拉·封登大师的结论是错误的，这是显而易见的事。有了完美的触须，蟋蟀约翰终于辨明了家的方向。

大提琴手约翰逊的失败

蟋蟀约翰逊是一个大提琴手，它有一把世代相传的大提琴，每逢重要的音乐会，便会拿出来演奏。其实，这把有价值的大提琴结构很简单，它由一把带有齿条的琴弓和振动膜组成。

蟋蟀约翰逊和它的近亲白额螽斯、绿色蝈蝈，以及距螽演奏时翅膀的动作方式相反，蟋蟀约翰逊的左前翅几乎被右前翅全部遮住，只露出侧面的褶皱，而蟋蟀约翰近亲昆虫们，像白额螽斯和绿色蝈蝈则是左撇子。蟋蟀约翰逊的翅几乎平遮着背，像件外套裹住了身体，再在侧面折成了一个直角斜着垂落下来。它的前翅脉，反面是深黑色的，那里写着天书一样的阿拉伯数字，画着怪异的层层叠叠的图画。

蟋蟀的身上有像大提琴似的结构，是由一把带有齿条的琴弓和振动膜组成的，因此，它是个天生的演奏家。

蟋蟀约翰逊的前翅是透明的，前面有一个大三角形，后面有一个小椭圆形，渗透出很浅很浅的棕红色。在这两个地方都有粗翅脉和很小的翅脉纹，这是蟋蟀约翰逊的大提琴的发音器官，相当于螽斯们的镜膜。前镜膜是棕红色的，光滑地在后面被两条弯曲的翅脉隔开，还有 6 根梯子一样的黑色横脉琴弦，排列在两条翅脉中间凹陷的部分。左右前翅弦是一样的，这些横弦起着增大摩擦的作用，大提琴手们都是通过增加大提琴长弓的接触点，来增强振动发出的音量。

它的琴弓大约有 150 个呈三棱柱状的锯齿，非常符合几何学的原理。这把琴弓确实比白额螽斯的琴弓更精致，左前翅的翅脉和弓上的一 150 个三棱柱齿互相咬合，四个扬声器就能同时振动。白额螽斯的大提琴只有一个作用不大的镜膜，发出的声音不大，传不了很远，而蟋蟀约翰逊的大提琴因为拥有四个振动器，悠扬的琴声能传到好几百米远的地方。

　　蟋蟀约翰逊演奏的大提琴音域宽厚，可以和蝉的大提琴一较高下，应该比蝉的提琴的声音更清脆。蟋蟀约翰逊作为一个著名的大提琴手，它懂得把握音色，它身体侧面有前翅，那是它的制振器。如果前翅放低，就会彻底减弱声音的强度。当蟋蟀约翰逊的琴声响起时，就好像有时低吟浅唱，有时引吭高歌。

　　蟋蟀约翰逊对大提琴的研究有许多年了，它正致力于提高演奏技巧的研究。所有的乐器一般都是完全对称的，所产生的机制也是大同小异。比如，蟋蟀约翰逊如果用位于上面的左琴弓来弹奏，那么所演奏出来的曲调会改变吗？事实上，所有的蟋蟀大提琴手，都无一例外地是左前翅放在右前翅下。

　　蟋蟀约翰逊希望探索出颠倒拉弓的方法，而达到同样效果的演奏方式。很快，蟋蟀约翰逊发现自己错了，刚开始表现得比较平静，过了一会儿它开始感到了不适，虽然，它想顽强战胜困难，但前弓总会恢复到原来的正常状态。看来，这条路是行不通了。或许是自己的身体老化了，蟋蟀约翰逊感叹。如果从年幼时开始训练，那么，长大了就应该能做到用左弓拉琴了，毕竟蟋蟀的远亲也有用左弓的。

　　于是，蟋蟀约翰逊决定收一个徒弟，从幼年时开始教育，使之成为超时代的高手。因为这个原因，蟋蟀约翰逊经多番寻觅，找到了一只健康强壮的幼虫。首先它开始关注幼虫的羽化时间，因为所有的羽化都是昆虫的再生。幼虫那两对新生的翅膀就像四个非常小的皱薄片，终于它蜕皮了。那是五月初的一天，上午十一点钟左右，蟋蟀约翰逊的幼虫把它的旧衣服扔掉了。此时，刚蜕皮的小蟋蟀的前后翅是纯白色的，其他部分是栗红色。

　　刚刚蜕去外套的翅膀又小又皱，后翅一直萎缩着，前翅则逐渐伸出来，不断胀大。后来两个前翅的边缘合拢，再过一段时间右前翅就要盖在左前翅上了。这时候，蟋蟀约翰逊觉得它需要进行调整了。

　　蟋蟀约翰逊想改变幼虫翅膀重叠的次序，想把它的左前翅硬放到右前翅上。小蟋蟀挣扎着，蟋蟀约翰逊硬着心肠一次又一次小心地把左翅扳

回去放在右翅上。

蟋蟀约翰逊成功了，幼虫的左前翅一直往前长，最终把右前翅盖了起来。然后，小蟋蟀从淡红色变成了黑色，可是前翅一直是白色的。又过了两小时，两个前翅才完全变成了正常的颜色。就这样小蟋蟀的前翅在蟋蟀约翰逊的干预下发育成熟了。看来蟋蟀约翰逊的希望要实现了，因为小蟋蟀的前翅变成了它所希望的样子，改变成功了。预计不久后蟋蟀约翰逊就会看到自己塑造的独特的天才艺术家，它将成为蟋蟀中与众不同的艺术家。

它继续纠正着它的小艺术家的姿势。终于有一天，这个未来大提琴新手开始试拉大提琴了。蟋蟀约翰逊紧张地注视着它的徒弟，小蟋蟀拉动琴弓，只听到了一阵吱吱的短促声音，好像是没咬合好的机器齿轮的响声。蟋蟀约翰逊愕然，急出一身的汗来。小蟋蟀憋红了脸，它试着调试琴弓，还是没有成功。最后，它不得不把右前翅调到左前翅上来，这回似乎找着了调，开弓一拉，发出了琴声。蟋蟀约翰逊挺失望的，又一次强迫地把小

小蟋蟀趴在那里，正在尝试如何奏出美妙的音乐。

蟋蟀的左前翅入在右前翅上，可是小蟋蟀怎么也拉不出响亮的琴声。蟋蟀约翰逊站了起来，离开了小蟋蟀，它觉得自己彻彻底底地失败了，还是任由小蟋蟀自行发展吧。

蟋蟀约翰逊曾经自认为创造出了一个新式演奏方法，结果一无所获，一败涂地。谁都知道蟋蟀天生是拉着右琴弓的提琴手，这是无法改变的命运，是自然的法则。因为蟋蟀约翰逊的异想天开，小蟋蟀付出了惨痛的代价，那硬实的颠倒着长的前翅，看似颠倒成型，却再也恢复不了原位，它的翅膀脱臼了，虽然它们没有再违背自然交错放置，但是终归是残疾了。

众人都在责怪蟋蟀约翰逊，说它的固执毁掉了小蟋蟀，因为蟋蟀的天性，左翅在平衡方面天生有弱点，这个弱点和习惯或许在一定程度上可以给予纠正，但没有办法使习惯消失。天性如此，何苦强求呢？

蟋蟀约翰逊的失败证明了尽管借助技术手段，要造就一个左手演奏大师也是不可能的。

从此，蟋蟀约翰逊变得非常颓废，带着大提琴行走江湖，天天在街头巷尾拉琴卖艺，只不过，它依然固执地使用左前翅来拉琴。所以技巧并不熟练，与它原来大师级的水平相差甚远。

在去小镇的路上，蟋蟀约翰逊遇上了一个妖艳的单身蟋蟀女，它卖弄风骚，装腔作势地曲了曲手指，伸出一根触角拉到大颚下，用唾液当做美容剂，使它卷曲起来。它尖钩镶着红带子的长腿，炫耀地转动着，像在T台上迈着猫步。它的前翅颤抖着，发出刺耳的歌声。

对于这种廉价的爱情表白，蟋蟀约翰逊无动于衷，蟋蟀女继续鸣唱着。

这时，一只蟋蟀汉子唱着歌儿走过来了，它侧目注视了蟋蟀约翰逊一眼，然后向蟋蟀女献歌，蟋蟀女不理睬它，只一个劲儿地向约翰逊抛眼色。蟋蟀约翰逊不明真相，也用询问的眼神瞧着蟋蟀女，它想搞清蟋蟀女想表达什么。这时，蟋蟀汉子恼羞成怒，转身一拳向蟋蟀约翰逊打去。蟋蟀约翰逊来不及防御，被打翻在地，那蟋蟀汉子一纵身骑在它身上，一口

素食斗士——蟋蟀

树桩上，一只雄蟋蟀唱着歌儿，热情注视着草地上的另一只雌蟋蟀，向它发出了求爱的信号，可这只雌蟋蟀好像并不领情。

咬住它的右前翅，只见蟋蟀约翰逊瘫软在地上，鲜血横流。那蟋蟀汉子拉着蟋蟀女扬长而去。

蟋蟀约翰逊为自己的再一次失败感到彻底轻松了，因为它的右前翅残疾了，现在它和小蟋蟀一样了，只有这样，蟋蟀约翰逊心里才感到一丝安慰。失去右前翅的蟋蟀约翰逊恢复了正常的生活，它理所当然地继续用左翅拉琴。

蟋蟀约翰逊周游了列国，过大河，爬高山，然后又回到了自己的家乡。家乡的变化让约翰逊感到陌生了，但是它很快找到了自己的家。

令人想象不到的是，两年后，只有左前翅的蟋蟀约翰逊又成为一个优秀的大提琴大师。两年的磨炼，使它的左前翅像当年的右前翅一样出色，它依然是蟋蟀圈里无与伦比的大提琴手。

尊敬的蟋蟀们！我之所以能感到生命的活力，是因为有你们的陪伴。在这片充满生活灵魂的土地上，你倚着迷迭香树篱拉着琴，看那夜空的天鹅星座在倾听你的小夜曲。更让我感动的，不是那些没有生命的星球，而是我们脚下这片充满生命的土地，和一粒能够感觉到痛苦和快乐的生命蛋白蛋。无可厚非的是，蟋蟀约翰逊，是一个执著的探索者，是一个伟大的大提琴手。

第七章

三光魔术手

——蝗虫

昆虫档案

昆虫名：蝗虫

身世背景：一种直翅目昆虫，种类繁多，分布于热带、温带的草地和沙漠地区，是一种危害农作物的害虫

生活习性：蝗虫是群居型的短角蚱蜢，喜欢吃肥厚的植物叶子，最常分布在山区、森林、低洼地区和半干旱地区

绝　　技：后腿发达，善于跳跃

武　　器：强而有力的后肢

 蝗虫的遭遇

狩猎

要参加一种没有杀戮、危险概率很低、老少皆宜的狩猎活动的话，逮捕蝗虫应该是首选。

"孩子们，都准备好，在明天太阳还不太强之前，我们去抓昆虫。"瞧，正因为那些蝗虫，给我们带来了如此精彩的上午！

看那像扇子一样张开来的红翅膀、蓝翅膀，以及那些在手指间乱踢的、带有锯齿的、玫瑰红色或者天蓝色的长腿。我们还在灌木丛中潜伏，不费劲儿地捉到几只黑色的若虫，这些活动是多么美妙啊！

维嘉眼睛犀利，动作敏捷。他越过美丽的菊花丛，看见沉思的长鼻蝗虫。他观察着灌木丛，只见那暗角里，惊恐地飞出来一只肥胖的灰色蝗虫。猎手维嘉有些沮丧，全力以赴地追赶，累得气喘吁吁，他不得不停下脚步，瞧着像云雀一样逃走了的蝗虫消失在草丛里。他多么想能幸运些，

蝗虫是一种直翅目昆虫，它们的后腿发达，擅于跳跃，是群居性的昆虫。

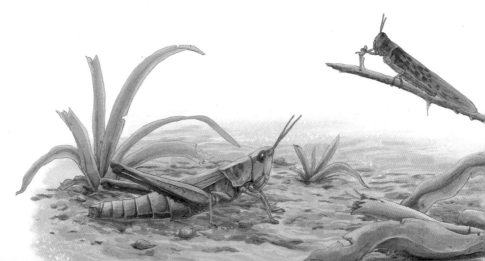

能收获到几个漂亮的俘虏。现在他只能坐下来发呆。

在田野里，蝗虫有饕餮之徒的坏名声，事实上它并没有那么坏，它在某些方面还是有益的。比如蝗虫能吃绵羊啃不动而不肯吃的植物上的芒刺，也能消灭作物间肥大的杂草，还会吃其他动物都不吃的不结果实的东西。它们有强壮的胃，任何东西都能让它维持生计。

此时，年幼的米琪正玩弄一只后腿呈胭脂红色、翅膀呈黄色的意大利蝗虫。其实，还有一种穿衣优雅的蝗虫才是她的最爱。这种蝗虫的背部画有四条白色斜线，好像是一个十字架。它的外衣佩带着铜绿色奖章。米琪轻轻地靠近，啪！逮住了。她先把纸袋口对准蝗虫的头，只轻轻一拍，蝗虫被吓得往前一跳，顺利地掉进漏斗里去了。她的纸袋里装满了蝗虫，接着盒子也满了。还没到中午的时候，我们已经拥有了各种各样的蝗虫。把这些俘虏放在网罩里，我们兴高采烈地回家了。

蝗虫大餐

十月间，一个小孩拿着两根竹竿，赶着一群火鸡来到田里。"咕噜咕噜"，火鸡轻声地咏唱。因为在这里，它们被蝗虫喂得肥肥的。它们越长越结实，到圣诞节时，它便会成为餐桌上的美味。

在农场里，珠鸡寻找麦粒和蝗虫。蝗虫是它的最爱，母鸡也特别喜欢吃。美味的蝗虫，能让母鸡产下更多的蛋。如果小鸡被母鸡带到收割后的麦田里觅食，它们当然更喜欢捉营养价值很高的蝗虫。

法国南方丘陵的著名特产——红胸斑山鹑，也是极爱吃蝗虫的。只要有蝗虫，山鹑几乎不去碰植物的籽粒。

一些小候鸟必须储备脂肪，才能完成迁徙。因此，在晴朗的秋天，它们会在普罗旺斯作短暂的停留，其目的就是寻找它们最爱吃的营养丰富的蝗虫。在休耕地和荒地上，它们争先恐后地啄食。

蝗虫也可以作为人的食物。有人会把晒干的蝗虫碾碎，然后，放在牛奶里搅拌，加面粉、盐，然后油炸，其味是香酥脆甜的。

法国南方丘陵的红胸斑山鹑只要能捕食到蝗虫，几乎就不去碰植物的籽粒了。

书上说梅丽昂曾经向真主请求，给她吃一块没有血的肉，真主给她送去的就是蝗虫。骆驼也非常喜欢吃烤干或炒脆的蝗虫，或许是受人的影响吧。

老天爷把蝗虫作为食物赐给许许多多的鸟类。动物，尤其是爬行动物都喜欢吃蝗虫，比如眼状斑蜥蜴和鱼。钓鱼的人常用蝗虫作为诱饵。

在生物世界里，肚子饿补充食物是本能的需求。为了取得在获取大餐时的一席之位，每种动物都会付出最大的辛劳，也免不了用各种手段，甚至诡计。饥饿的痛苦，人也没完全摆脱。

有非凡创造力的人能够摆脱饥饿吗？科学会对我们说"会的"。

化学承诺满足食物的需求量。物理学考虑让太阳更有效地工作。太阳会让麦穗镀上金色，会让葡萄长满琼浆，能够被利用来产生太阳能。

将来，牛羊会放进博物馆里，成为奇珍异宝，就像从西伯利亚的冰原下出土的猛犸那样。总有一天，水果、蔬菜、牛羊、麦粒，所有这些都会消失掉。据说人类要的就是这样的进步。

对现代食物的这个黄金时代，非常让人怀疑。科学的发展确实惊人，我们的实验室里有许许多多的借助科学获得的新的毒物。如今，人类就好像在制造出大量烧酒的蒸馏器里，被熏得昏头昏脑。所以，现代的工业将没有任何限制地发展。

真正有营养的食物不是在实验室就能制造出来的。真正的营养食物只能用人工的方法来获得。不管是昨天，今天，还是将来，只有生命才是食物的化学家。

蝗虫自己的快乐

这种为许多土著居民提供食物的昆虫，常借助乐器来表达自己的快乐，不是因为被吃，而是因为生命的过程。来看这只蝗虫，它此刻正沐浴在阳光下消化食物呢！它正奏起它的乐曲。

它的歌声，就像针尖擦着纸页似的响声，近乎寂然无声。

我们看看意大利蝗虫吧，它的发声器与其他蝗虫的相同。它有呈流线型的后足，每一面有两条竖的粗肋条。在粗肋条的周围，排列着一系列阶梯似的人字形细肋条。不管是内面还是外面，都是一样的突出、清晰明显。而且，更使我惊讶的是所有肋条都是光滑的，而没有任何特别之处的是，起着琴弓作用的前翅摩擦后腿的臀区，同其他部分一样，没有锉板，

蝗虫在植物上自在地晒着太阳，只要有阳光，它就会继续鸣唱。

没有任何锯齿，只有一些粗壮的翅膀。

当太阳在云翳时隐时现，最后露出红通通的脸时，蝗虫的后足就一上一下地动起来，阳光越强烈，动得越厉害。蝗虫的唱歌时间很短，但只要有阳光，它就会一直唱下去。

并不是所有的蝗虫都要用摩擦来表示欢乐的。即使被太阳晒得暖洋洋的，长鼻蝗虫也默不做声。它的腿非常长，除了跳跃几乎没有其他的作用。还有更差劲的一些昆虫，比如红股秃蝗——万杜山顶的阿尔卑斯距螽的伴侣。

红股秃蝗喜欢在帕罗草编织的银色地毯溜达散步。那里有微笑的雪中红花芽，洁白的小花。

高原地区，迷雾遮不住阳光，这里的红股秃蝗身材短小，它没有高雅的提琴，这是一种缺憾，因为不能鸣唱，但它一定有其他召唤情侣和表达自己欢乐的方式。

它们总爱越过积雪的山谷，从一个山顶，飞到另一个山顶；从一个牧场，飞到另一个牧场。它的梦想就是它的快乐。为了拥有这美好的未来，它的背上长着四个翼套，这是它们飞行的强大动力。

蝗虫的快乐是通过千百年生生不息的劳动，从而超越了本身的缺憾，获得了不断发展的生存技能。这是生物不平凡的进化，也是蝗虫平凡的快乐！

红玫瑰、蓝玫瑰与蝗虫们

在多数人眼里，蝗虫是一种很普通的昆虫，除了啃食农作物这些恶劣行径之外，好像没有其他更引人注意的了。蝗虫很像一个炼金巫士，专在肚子里将制造高级产品的材料消化和提炼。生殖繁衍是它们至高无上的生存法则。蝗虫与螽斯在身体结构上基本一致，但在婚姻与家庭方面却截然不同。

意大利蝗虫不但拥有健壮的美腿，
还爱穿橙色带灰点的外衣。

我家的附近，自然地生活着一些意大利蝗虫。八月末的一天中午，我家的红玫瑰准备产卵了，红玫瑰是一只漂亮的意大利蝗虫，它有着健壮的美腿，还爱穿橙色带灰点的外衣。当然，它的前翅有点短，刚能把它性感的腹部遮住。有时，它会在前胸和前翅围一条漂亮的白纱巾，用来增加服饰的动感，然后再把腋下也涂上玫瑰红的彩色，后腿胫节上抹上葡萄酒的红色，这让它看起来非常的漂亮，因为它酷爱用红色装点自己，所以我给它取了个生动的外号——红玫瑰。

这是一个温暖的早晨，阳光透过云层，普照大地，红玫瑰正在挑选适合它产卵的温床。湖里有水鸭飞过，打破了宁静。园子门洞开着，一只母鸡带着一群小鸡闯进来，我赶紧把这些强盗似的家伙驱逐出境。这时候，红玫瑰正用它圆钝形的肚子当做探测器，使劲地、慢慢地用这个探测器垂直插入沙地里去。红玫瑰从不用打孔的工具，却能取得成功。这种拼搏精神，是值得我们每个人学习的。

这时，红玫瑰把身体半埋在沙土中，不断轻轻地抖动着身体，时而进，

时而止，漂亮的美人头也伴随着节奏上下起伏。整个产卵的过程，仅能看见它那娇好小巧的脸在动。这边，有老公守着它，紧张而又漫长地等待，产卵的过程用了几十分钟。然后，它便跳走了，匆匆离去，甚至看都没看一眼它的孩子，连洞口也没盖好，只不过因为沙土自然的流动而顺势盖住了洞口。这时，我们都觉得，红玫瑰对孩子没有很多的关爱，不能算是一个出色的母亲。

在这一点上，喜欢穿黑条纹衫的蓝翅蝗虫就不相同了，它应该是个好母亲。我们把它称作蓝玫瑰，它翅膀上有许多的孔雀石绿点，它胸前佩戴着白色十字架。像红玫瑰一样，产卵结束后，它把肚子一点一点地拔出来，趴在地上。两片卵瓣不停地动弹，流出一种泡沫状奶白色的黏液。蓝玫瑰就是用这种黏液做洞盖的，黏液遇到空气就硬化了，这时白色的洞盖就做成了。做好这个洞盖后，蓝玫瑰虽然不再管它产的卵了，却要在洞口守候几天。几天以后，它才开始到别处去产卵。

在羽化的过程中，蝗虫的成虫会努力地挣脱保护壳，丢掉旧衣服，尽量做得尽善尽美。

那蓝玫瑰会上下跳动，用它的后足夯实通往巢穴的洞口。这样夯实的入口，在表面上看不露一丝痕迹，任何一个外来侵略者都很难看出这里的虚实。

蓝玫瑰不断轻轻地发出唧唧声，其粗大的后腿一抬一落，似乎在向全世界宣告自己做母亲的欢乐，又好像在说："我把我的孩子归回大地母亲的怀里了，它们永远都是我生命的延续。"

洞里的卵又是怎么发育成长呢？请看红玫瑰与蓝玫瑰的幼虫宝宝成长过程吧。在3~4厘米深的地方，有一种泡沫凝固形成的囊，那些卵都放在这个囊里。

然而，各类蝗虫产的卵都不尽相同。比如灰蝗虫，它的卵囊长6厘米，宽8厘米，为圆柱形。卵呈黄灰色，外形像个纺锤，排列在泡沫当中，卵占据了卵囊的1 / 6，其他部分则被白色的泡沫充满了。一般一个卵囊

羽化后的蝗虫的后翅完全展开成一把扇形的形状，有一束辐状的翅脉穿插其中。

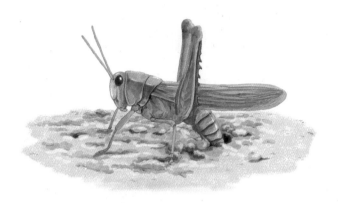

蝗虫将卵产在洞里，那些卵都被放在由一
种泡沫凝固形成的囊里。

里大约有 30 枚卵，数目并不算多。因为任何一个聪明的母亲都不会在一
个固定的地方产卵，它会设置多个卵囊巢洞。还有一种小车蝗虫，它的
卵囊长 3~4 厘米，宽 5 厘米，外形好像是一个稍带弯曲的圆柱，下端圆，
上端平。还有它的卵是橘红色的，点缀着黑点，同样也有一个泡沫组成
的长立柱。

那么，蓝玫瑰的卵囊又是怎样的呢？它的卵囊下端宽大，上面细
长，极像一个大逗号。橘红的卵就安置在那宽敞的地方，上端也装满
泡沫。

不同种类的蝗虫产的卵是不尽相同的，灰蝗虫
的卵外形像个纺锤，排列在泡沫当中。

大青蝗生存在中国北至内蒙古、南至海南省的广阔
地带，它在日本、朝鲜等国也有分布。

最后还是看看意大利蝗虫红玫瑰吧。它的囊像一座两层小楼，第一层是椭圆形的，那里是红玫瑰卵宝宝的居室；第二层则又长又尖，那里放置了大量的泡沫。红玫瑰先把卵放到囊里，然后迅速收拢，再排出泡沫，从而构成了一幢小楼的两层，中间是一个很狭窄的通道。

在蝗虫家族中，长鼻蝗虫个头最大，虽然它身材苗条，形状奇特，但后腿特长，可它的跳跃成绩并不好。在葡萄树边，在青草边的沙地上，它那长长的后腿便成了累赘，它只能蹒跚地行走。由于腿太长，它在跳起的时候，就显得笨手笨脚了。不过它有一对强有力的翅膀，使得它能够飞行较远的距离。

另外，它还长着一个"长鼻子"，一对椭圆形的眼睛，外加一对剑刃般的触角。这对触角是它一切生命运动的信息采集器。不管是面对食物，还是面对阻碍，它的触角会迅速地垂下来，用来探测面对的信息。

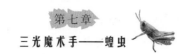
在蝗虫家族里，也只有长鼻蝗虫和灰蝗虫的卵孵化得早，还在八月桂花飘香时，小灰蝗虫就在草地上跳跃了。十月时，长着长鼻子脑袋的若虫便出现了。而红玫瑰和蓝玫瑰及其他蝗虫的卵必需度过冬天，等到来年春天才能孵化。

任何生命的过程都是曲折的，每只若虫见到阳光，都要经过一条由蝗虫妈妈修建的坚固的隧道，在隧道与地面的交接处，有一段艰难的泥石路。这条通道对若虫是无比重要的。如果我们把这条通道去掉，几乎所有的若虫都不可能活着走出地面。

暮春，淡白色的若虫咬破保护壳，从里面爬出来的时候，穿着一个淡红色的盔甲，它的触角、腿、头都蜷缩在一起，前腿非常短，还没有发育完全。它们利用伸直的后腿作为前进的支点。

蝗虫若虫和螽斯若虫一样，颈部长有一根囊泡，它们能像机器的活塞一样有规则地收缩，并利用这种收缩来撞击障碍物。若虫们要通过艰辛的劳作、不懈的努力才能打开通道，所以见到阳光是非常不容易的。如果

蝗虫的若虫从地下来到地面，享受着灿烂的阳光，它需要养精蓄锐，开始为生存奋斗。

没有母亲筑建的上升通道，它们很难活下来。就像螽斯若虫一样，要想从地下来到地上，总会有一批批的若虫因此而死掉。那是因为，它们的母亲没有筑通道的智慧。这就是为什么蝗虫数量多而螽斯数量少的原因。

　　来到了浓阴覆盖的土地，看到了灿烂的阳光，幼虫们消耗了太多的体力，在片刻休息后，由于囊泡的撞击，保护膜被撕破了，幼虫的后腿伸出来了，胫节向下弯曲，向后一蹬，跳出老远，它终于可以去闯世界了。不过，现在颜色还很淡的蝗虫需要的是休息，养精蓄锐，开始为生存而奋斗，为生活而前进。

第八章

千丝昆虫

——松毛虫

昆虫档案

昆虫名：松毛虫

绰　　号：毛虫、火毛虫，古称松蚕

身世背景：松毛虫属昆虫的统称，全世界各地都有分布，中国北部、朝鲜、日本等地能见到这种昆虫；会危害森林，并且危害面极广

生活习性：生活在松树枝叶上,在这里吐丝做巢，居住产卵；喜欢吃松树枝

绝　　技：寄生

武　　器：丝

松毛虫故事里的米尔

我的园子里有几棵茁壮挺拔的松树，其中有阿勒普松和奥地利黑松。那些松树在稀疏的荆棘中巍然挺立，它们曾经是毛虫们的安乐窝。

另外，在怪人米尔撰写的记录中有关于松毛虫的记载，他养着一些毛虫宠物，因此不得不穿上"防弹衣"，因为毛虫常在米尔来访之际，顺着吊丝玩着杂耍，从最高的枝头溜下，掉在米尔的手臂上。米尔不得不穿上戴帽子的全副武装的"防弹衣"，以免毛虫钻进他的衣服里。

毛虫太多，自然胃口也很大，茂盛的松林被严重破坏。米尔为了保护松针资源，在每年的冬天都会对松树进行严密检查，顺便铲除一些松毛虫的丝织吊屋。为这件事毛虫们可能对米尔深恶痛绝，可他也是没办法，要不松树就太惨了，他也不能听到松树的喃喃细语了。

米尔决定和毛虫签订一项公约，他不能这样任由毛虫不加约束地放纵。公约是这样写的：每只毛虫要给米尔讲述一个故事，当然，这个故事

松树是毛虫的安乐窝，它喜食松针，而且胃口很大。

尽量长些,可以是一年,也可以是两年,甚至更久,所有的故事一定得是毛虫自己的故事,否则就没价值。那样的话,每条毛虫将可继续在松树的吊丝屋里安居乐业,否则,将会被驱除出境。

米尔很得意自己与毛虫制订的公约,为此,他得到了一本昆虫记事的素材了,所以米尔与大胃王毛虫也就相安无事了。米尔把松树林面积扩大了,将 30 多个毛虫窝搬迁到新的地方,扩大毛虫的居住,以达到减少松针消耗的程度的目的。

米尔经常提着灯笼,晚上来听毛虫讲故事,并记录下来。

其中一只毛虫是这样开始讲它的故事的:

那是八月上旬,郁郁葱葱的青枝绿叶上,我开始筑造斑驳陆离的微白的婴儿袋。没错,那就是松毛虫卵,每一个婴儿袋都是圆柱形的,那里装的都是作为毛虫母亲的我产下的卵。

这时候,我会选择成双成对的松针,在叶子的叶柄上筑造圆筒婴儿袋,这些婴儿袋长 3 毫米,宽 4~5 毫米。我是用光滑的丝织成的,所以它们的手感特好,它们是白色又略带一点橙黄色的。袋子上缀上了闪光的鳞片。鳞片排列很整齐,这些鳞片多呈卵形,底色是白色半透明的那种,底部是褐色,顶部是橙黄色。我会把婴儿袋牢牢地固定住,所以不管风吹雨打,它们都纹丝不动。那些柔软的鳞片是婴儿袋屋顶的琉璃瓦,有了它们的保护,所有的雨水、露珠都无法渗透进去。

这些婴儿袋屋顶,都是我用身体蜕下的一部分皮囊编织而成的,它们就像鸭绒被一样,为我的孩子们做暖和的保护套。瞧见了吧,在我的尾部有这么一块夹板片,这就是我时刻准备的,一个奇妙的、可爱的鳞片堆。但这堆暖暖和和、整整齐齐的小绒片可不是白白长在我的尾部。你难道会认为,我会有这种毫无目的、派不上用场的东西吗?你要知道世上的任何东西都有它存在的理由。

在这些有鳞片的绒毛里,会有卵宝宝。你瞧,像白色珐琅小珠子一样的虫卵紧紧地挤在一起,有 9 个纵队。一队有 35 枚卵,婴儿袋里卵的

总数大约是 300 枚。这是我即将创造的大家庭呀！

说着说着，松毛虫竟然激动地哽咽起来，故事就此打住。

故事的第二章是这样记录的：

在一个天气晴好，空气清新的早上，我来到了松树园子。一只毛虫正在松针荫下休息，它的毛虫孩子长大了，刚不久离开了家，它有些思念孩子，显得很沮丧。

"嘿，早上好，亲爱的。"

米尔高兴地坐在松树下："亲爱的毛虫，你给我讲讲你的孩子吧！"

于是，毛虫母亲兴奋了起来。

"在孩子们成长的过程中，我所付出的劳动谁知道啊？"

"那你告诉我吧！"米尔拿出本子来。

你知道每一个卵能成功孵化是一件多么不容易的事吗？在婴儿袋里，每一个卵都精确地与相邻的卵衔接着，一个队与另一队相接，不会留下任何的空隙，就像一件精美的珍珠制作的工艺品。有一次，我的婴儿袋受到了袭击，我的几个卵宝宝牺牲了，为了保护其他的宝宝，我只能忍痛割爱，把它们的尸骨丢弃。为了更好地保护其他的卵宝宝，我加固了保护的鳞片基础，还加固屋顶。

米尔为毛虫艰辛的母爱而感动，为毛虫美轮美奂的婴儿袋而赞叹，米尔在本子上这样记着：我准备用思考的目光来审视这座漂亮的建筑。不管老幼，不管性别，不管质朴还是聪慧，只要看到毛虫的卵袋，你都会说它漂亮。它给我们留下深刻印象的是那排列整齐和几何形的组合。难道这不是一生遵循秩序，在人们眼中是弱智的卑微者所创作的伟大作品吗？可见，遵循和谐这个规律不只是人类的喜好。我们说自然的普遍美，其实就是秩序，这种秩序是万物普遍平衡的基础。花瓣的弧线为什么是匀称整齐的？金龟子鞘翅的花纹为什么那么优美雅致？这难道是艺术家们大汗淋漓地用电动锻锤雕刻而成的吗？以上种种思考，都是由松毛虫母亲们的感人故事里的每一个"婴儿袋"所引发出来的。当人们想挖掘事物的细枝末节，往往得到的都是所谓的科学调查所无法回答的"为什么"，这也是世界上存在那么多科学之谜的根由吧。让我们暂时忘记科学，继续用"平凡"理论去思索问题吧。

和所有爱探究的哲学家一样，米尔好像陷入了思想的陷阱。松毛虫伟大在哪里？它那绝世作品说明了什么？艺术是平凡还是伟大的？比如，松毛虫蛾拥有穿缀珍珠的技艺，天幕毛虫蛾的卵囊就像建在苹果树和梨树上的漂亮的手镯，谁都会认为这是出自一个珍珠女的巧手。

故事的第三章是这样记录的：

九月，松树林的松毛虫卵开始孵化。但是有的虫卵在婴儿袋里的孵化会更早些，有的却晚些。米尔和一个正在劳作的松毛虫大婶闲聊了起来。

大约上午八点钟，阳光照射到窗子上，美丽的小毛虫正悄悄地离开了卵壳。它们那黑色的小脑袋企图咬破很有韧性的卵壳。在耀眼的阳光下，卵囊里探出一个个黝黑的身子。当这些小毛虫离开了母亲留下的美丽的婴儿袋时，一切的美丽都是鲜活生命的牺牲了。

这些小毛虫只有1毫米的个子，淡黄的身体长满纤毛。纤毛长短不一，

小毛虫只有约一毫米长，它们浑身长满了纤毛。

短的呈黑色，长的呈白色。它们黑亮的脑袋很大，它们还有一个大颚，这似乎是为啃咬坚硬的松针做准备的。爬出了婴儿袋，它们便开始食用松针。还有一些小毛虫会爬向邻近的树叶，这种行为证明它们是勇敢的挑战者。

现在开始，到了生命过程中的游戏期。三四条吃得饱饱的小毛虫，排成队列沿着一条直线行走，走走停停，一会儿又分开了，然后，又各自玩耍。这恐怕就是所有物种幼年时的学习期吧。中午的阳光有些晒人，小毛虫们又回到它们出生的地方，也就是松针双叶基地。此时，乱哄哄的，它们聚集在一起开始干活——吐丝做房子。这是一种天性，就像婴儿一出生就会吸乳，马驹下地片刻就能够站立，然后奔跑一样。它们自然会选择相邻的两片松针，然后吐出丝来制作一个极其精细的丝球，接着的程序，就是织一张宽松的网了。这将是一顶舒适的帐篷，小毛虫将会在日照最强烈时在此休息和睡觉。当阳光在窗外消失后，小毛虫便开始出外探险了，它们在半径只有拇指长的范围内列成小队，一边行进，一边吃着东西，或许只有这种进食方式才使得毛虫家族独一无二。

米尔看到这一切，他又陷入了深深的思索。松毛虫是从孵化起，就有这种能随年纪的增长而发展的才能，这种才能似乎是天生的。因为松毛虫后代的才能，很少能超越它们的父母。你看，自诞生不到一小时的时间里，松毛虫就变成了"成串爬行者"和纺织工。它们爱避光调息体力，爱晚上进食，它们能在24小时内将丝球织成榛子那么大，能在两星期内织成像苹果那么大的临时隐蔽所。小毛虫建造的小屋是良好的储备粮仓，因为小屋就建在松针间。它们不必出去，避免受到危险，却能得到食物。这个小屋，自然成为这些瘦弱的小毛虫的食品柜。

当松树林中一些松枝被这些小毛虫集体蚕食一段时间后，这些新建的家庭又开始搬迁别处了，它们又在动手搭建帐篷。这种习惯很像阿拉伯人，随着骆驼和牧草搬迁帐篷，它们总是在不断地寻找水草丰美的地方。很明显，小毛虫们重复地修建，选择的地址自然就会越来越高了，从低矮到高处的松枝，最后甚至搬迁到树梢。

当幼虫浅白色的毛经过多次蜕皮，长出丰密漂亮的毛发后，要画出六块醋栗色的小板，再镶上四块较大的小板，组成一个四边形。四边形两边是画上的点状板，松毛虫似乎酷爱几何图形。它们鲜橙黄色的毛呈辐射状，腹部和胸侧的白毛比较长，两簇纤毛在阳光上闪闪发光，这时候小毛虫就长成了大松毛虫了。因为它穿上了成虫的服装，就像是宣告了成虫礼一样。

当然，米尔的故事还没有结束，他与毛虫们的故事还有很多，只是不知道他那园子的松树林是不是被松毛虫们啃光了松针，变成了秃顶了。

米尔与松毛虫的圣诞节

十一月，寒冷悄悄临近，松毛虫也开始选择在高处的树梢结网。茂密的枝叶被纤细的丝覆盖了起来，整张网裹住了附近不少的松针，一大片的叶梢被压变了形。只有这样，松毛虫才会拥有一个可以抵御恶劣天气的固定住所和食品储藏室。

冬季临近，毛虫选择在松树高处的树梢上结网，不少松针被纤细的丝覆盖了起来。

　　所有的松毛虫都在夜以继日地工作，到十二月初的时候，诺大的真丝屋像拳头一样大小，这座漂亮、温暖的建筑在临近冬天的时候终于建成了。

　　因为米尔和松毛虫的公约依然存在，他正在为圣诞节的故事紧张地准备着。

　　假如天气好，每晚的七点钟到九点钟，米尔都会待在园子里，因为松毛虫这个时候也会爬出自己的住所，来到裸露的粗大的松枝上。这个松枝是松毛虫房屋所在地的中心位置，这里有一条通向外界的宽阔的道路。松毛虫们会在此集会，它们毫无秩序、散漫地行走着，密密麻麻地挤满了松枝。盛大的晚宴即将开始，这是米尔与松毛虫的公约中的一项——圣诞晚会节目预演。

　　松毛虫们动作缓慢，毫无秩序地向下爬，它们也会分成若干小组，爬到稍远的松枝上进食。松毛虫们每次通过大路时，都自然而然地吐出丝来固定路面。所以，这条繁忙的大路慢慢地变成了丝带织成的宽阔结实的大道，活跃着来来往往的松毛虫们。这条外出往返必经的双线鞘，不仅仅只是路，它还有另外一个作用，就是加固松毛虫们漂亮的建筑，使它们变成真正的安乐窝。

为了共同的圣诞节，米尔准备把松毛虫们的故事改成剧本，然后，上演一台舞台戏，这个戏的蓝本就是以松毛虫圣诞节前的建设场面为背景，而松毛虫们却在加紧娱乐设施及生活建筑的建设。

前面讲了，松毛虫们所有的建筑物都是由丝带编织而成。比如这个建筑物，上部是个凸起的卵形居室，下面是柄和蒂，丝鞘呈放射状，斜拉着支撑物，使整个建筑物非常牢固，这就是松毛虫们的居室。居室的正中间，有一个不透明的白色外罩，这也是由丝线密集地织成的，外面有一层半透明的薄纱外罩。厚厚的绿叶便是用来使房间相隔的墙，圆屋顶上有一些圆孔，这是松毛虫家庭成员出入的大门。一些松针被丝线悬吊在空中，缠绕着一篷一篷犹如绿色的帘帐。白天，如果在宽阔的平台上小睡，这张网就像床顶那张洁白的华盖，什么风儿都吹不落毛虫的梦，什么日头也晒不着毛虫的皮肤，让人不由地感叹：这是个多么幸福的安乐窝啊！

在所有小松毛虫住的临时住所里，满橱子的食物是够它们吃几天的。它们需要储存食物，这可以让它们在天气不好的时候，不需要离开家去觅食。等到了冬季，开始在营地劳动的小松毛虫们已经身强力壮了。它们习惯了保护屋子里的松针，也不会去碰触食品橱。否则它们的屋椽——那些绿色的松针，就会很快干枯并断裂。如果椽木被毁，就会造成丝纤失去张力，房屋失去拉力，整个房屋就会倒塌。那么松毛虫们用什么来抵御冬季的严寒呢？这将会给家族带来灭顶之灾。因为要长期抵御大雪和寒风，牢固的支撑对于长期居住的房屋的作用是不可替代的。所有这一切危险毛虫们是了然于心的，不管多么饥饿，它们都不会去啃食室内的松针。

米尔在故事中描写的细节非常精彩，相信搬上舞台去表演也一定会成功的。他期待故事的继续。

上午十点钟左右，松毛虫们从它的卧室里爬出来，在舒适的平台上晒太阳。如果天气允许，每天晚上，松毛虫都会利用两小时来进行加固、加厚居室的工作。这个时候，房屋顶上、围墙外面都爬满了松毛虫，它们正干得热火朝天，这是个多么壮观的劳动场面啊！米尔写到这儿，愉快地哼起小曲来。

松毛虫的生命周期是短暂的，对于冬天寒冷的预知，让它们不辞辛苦地劳作着。虽然现在衣食无忧，可以在阳光下休息，但劳动时它们还是会充满激情地说："让我们为了冬天有个温暖幸福的家，为了理想而努力劳动吧！"

所有的一切都井然有序地进行着。在某个夜晚，松毛虫新修整的房屋被人为地破坏了，顶上被撕开了一个大口子，凉飕飕的风灌顶而下。起初，它们都没发现。发现后，费了很长的时间，三只松毛虫才找到了能通过裂缝的路，远远地抛出长线来固定位置，这样才越过了危险的裂缝。接着它们一刻不停地在缺口处吐丝。后来不断有松毛虫来增援，几天后，这个裂缝终于严密地闭合了起来。

冬季来临，长期住所的居民比临时住所的居民要多。一只松毛虫一次产卵的数量很多，因为松毛虫也是其他贪食者美味可口的食物，能有几十个幸存者就不错了，它们依附在小球状的薄网周围存活下来。如果

松毛虫会十分宽容地接纳走错了窝的其他同类，并让它们定居下来。

要建造坚固的过冬帐篷，就必须依赖幼虫的数量。

一夜寒风刮得紧，把园子里的松树都吹冻了。第二天一早，松针上挂满了冰霜。八点钟过后，太阳出来了，意外的暖和。米尔兴致勃勃地来到松林下，松针上的冰霜化了。在这里，他意外地听到一个最近发生的故事。

说是有一只松毛虫在路上闲逛，在拐弯处走错了方向。晚上，它迷迷糊糊地来到一个陌生的虫窝，径直而入，主人却并不惊讶，客气地点点头，然后请它一起就餐。饭后，在临睡前大家一起加厚被窝，然后一起就寝，最后它成为这个家庭里的一个新成员。这新加入的居民，被主人很宽容地接受了，因为所有的松毛虫家庭都需要大量人力。

这个故事让人诧异地明白，松毛虫没有家的观念，没有自我的观念。如果错入了别人的家，定居下来后，它们就不会再想回到自己原来的家了，似乎松毛虫也有"天下大同"的理念。它们不会为了邻居到来增加了一张嘴而伤神，它们都把别人家和自己的家同等看待。当有客人到来时，所有的松毛虫都是相当热情的。"我为人人，人人为我"是松毛虫的警世名言。它们不断地吐丝，依靠成千上万只松毛虫一起纺织用来抵御严寒的大被子，来作为对于这句至理名言的实践。

"它们是超级团体主义的完美实践者啊！"米尔感叹道。

在松毛虫的社会里，世界是和平的。松毛虫呼吸着新鲜的空气，从来不缺少丰盛的饭菜，它们不用经过残酷的斗争获得自己所需。如果是两只步甲虫同时遇见蚯蚓的话，必将由激烈而凶残的战斗决定谁才有吃猎物的资格，而松毛虫从不与同伴争食。

松树上成串爬行的松毛虫是幸运的，它们轻松地获得食物。因为在饮食上不求精美，素食者更适合群居，而肉食者相反。在人类社会里，生活能赋予不断斗争的理由，一是高官厚禄，二是子孙后代。因为种群的延续比个体更重要，这也是为什么所有的母亲都把子孙的兴旺发达当做头等大事的原因。

还有一个素食主义者——家蜂，在它们的种族里存在着很强的母氏利己主义，每个蜂群只能容纳一只雌蜂，蜂箱里有多达两万数量的具有产卵能力的蜜蜂，却为着一个母亲而劳作。还有像胡蜂、蚂蚁、白蚁等各种群居昆虫。它们都有共同的特性，为了少数拥有性能力的昆虫，卑微地工作着。松毛虫是一个特殊群体，它们没有性别，或者说它们的性别不明显，它们从不关心种族的延续和维持，对感情十分冷漠。在它们的心目中，或者只有平等的劳动与生活才是最重要的。

"这是一个和谐的、公平的松毛虫社会。"米尔再一次地感叹。

是啊，松毛虫劳动时懒懒散散、拖拖沓沓，但没有一条松毛虫不干活。它们的世界里没有强大与弱小，没有聪明与愚蠢，没有勤劳与懒惰，它们用相同的行为、相同的热情生活着。这就是松毛虫的世界。

圣诞节终于到来了，米尔的舞台剧正式上演了。

在雪中摇动的松枝上，那闪耀着白光的建筑，牢牢地屹立着。松毛虫的梦在白色的棉被下温暖地弥漫开来，正像这绿色的松针上点点的冰凌，耀眼而悠远。

爵士松毛虫家族

冷静的头脑使爵士松毛虫能担当得起特殊任务的领导，它总是把最危险的任务留给自己。此外它适应各种环境的能力也很强，来到这个地球村后，它努力适应这里的文化，吸取新知识和改进旧观念，并做出一些很有创意决定。这些使它成为爵士家族里不可缺少的领袖。

据说把领头羊往大海里一扔，绵羊群就会跟着前仆后继地冲下水。因此人们说，绵羊是世界上最愚蠢的动物。爵士家族也有这种类似的天性，且有过之而无不及。不要以为这是愚蠢，其实这是一种行为的需要。只要首领爵士松毛虫在爬行，后面的松毛虫就会毫不间断地紧随其后，维持着整齐的行列前进。

爵士松毛虫一直都是最受欢迎的人物之一，它的人生信条是"假如做事没有自己的风格，那就干脆别做"。它非常酷，很有个性，非常能干、勇敢且聪明。因为有着接近完美的记忆力，这使它成为战场上不可多得的记录者。它还拥有生物核子融合动力的引擎。

爵士松毛虫的变形形态就像一辆漂亮的保时捷 Turbo 方程式赛车，它拥有 N 条变形轮子，装备是两枚太阳能光子触角枪。

爵士家族常常整体出动，组成庞大的类似保时捷 Turbo 方程式赛车队。当松毛虫们头尾相接时，它们便集体变形，成为一条连绵不断的细带子形状的探索器，这种探索器威力很大，在昆虫家族是数一数二的。如果它们在树枝绿叶中穿行，那在前面开道的爵士松毛虫看起来不需要任何章法，它随性地东西南北地前进或者后退，能够随意地开辟一条错综复杂的前行之路。这就是昆虫世界传颂的"在松树上连成一串爬行的毛虫"。为了补充整个队列的能量，它们能终生悬走这根绳索。

爵士松毛虫牵引着一直绷得紧紧的丝带，随着能量的积累，丝带永远延伸着。威力无边的能量不断地喷出，一股白色量子固定在行进的途中，

爵士松毛虫在前面爬行，后面的松毛虫会毫不间断地紧随其后，维持整齐的行列前进。

形成一张巨大的能量网。爵士家族的每一条松毛虫都会不断地用自己的能量丝带将这座桥加厚一倍，所有的松毛虫还会各自启动能量核。就这样，鱼贯而行的探索器留下了一条狭窄的带子，晶莹地闪着鬼魅异形的丝带在阳光下发光，它就是爵士家族探索器行进时留下的痕迹。

爵士家族的所有松毛虫都是在夜间进食松针的，它们以松针的内在能量来催化潜能，增加生存的战斗力。从枝梢的潜伏地出来，爵士家族迅速变形成探索器，沿着裸露的松枝下行，到达下一根松枝，等吸光了上面的针叶能量以后，"探索器"会再次起步。随着松枝位置的不断降低，"探索器"会突然瓦解，再次变形，然后分散开来，开始在小松枝上狂奔。

晚餐后，天气变得寒冷了，回家的时间到了。爵士松毛虫队伍启动了多足功能，它们必须由一个十字路口拐到另一个十字路口，转过松枝路口下降到小枝、大枝、主干，然后启动能量，重新组合成探索器，加足马力，穿过一条左弯右拐的小路。所有的松毛虫的两侧部位，有5个单眼，这些单眼都是超微型低功能的近视眼。

爵士家族所有松毛虫的嗅觉都很迟钝，视力微弱，可是它们拥有超能量丝带，只要有这种能量丝带，松毛虫们就能在松林间的迷宫中穿越。

爵士松毛虫是一个超智力的首领，只要天气晴朗，即使在冬季，它也会启动变形探索器带领爵士家族做一个远程探险。其目的不是为了散步，而是为朝圣而远行。当然，在爵士松毛虫带领探索器进行大规模的移动时，所有赛车式松毛虫都会吐一条丝，来固定需要走的路，以明确方向、速度，得到无尽的动力。

如果探索器的队伍过于庞大，爵士松毛虫往往会改变策略，迂回路线，它们所有的这些行动似乎都处于飘移状态。那些丝带是爵士家族能量的动脉。为了避免寒风冰冻的袭击，爵士家族所有的能量脉动会瞬时组合成一个庇护所，以便在天气恶劣的时候休养生息。

这一天，从爵士家族居住的松林地外，闯进了外界超自然、超智慧的拇指动力器。为了应战，爵士松毛虫启动紧急预案，所有范围内的松毛

爵士家族所有的松毛虫的嗅觉都很迟钝，
而且它们的视力微弱。

虫迅速组合变形，一个超大的探索器适时地形成了。

爵士松毛虫领队作战，一条宽大的带子蜿蜒而行。突然，一股力量如闪电袭来，探索器被截断受阻。爵士松毛虫的赛车队伍被拇指动力器移转了位置，队列大乱，顿时危机四伏。爵士松毛虫抖动着能量丝，拉动生物核子融合动力的引擎，成串的松毛虫快速移动，断裂的长队被拆散、重组，按新的次序再次组合，临时由新的爵士来担任指挥。虽然只是临时的职务，但领队的松毛虫加速进入状态。它不置可否地拉动临时生物核子融合动力的引擎，探索器变形成功。危机过去了，新的领队有些惶恐不安，因为它的两枚太阳能光子触角枪威力实在无法跟爵士松毛虫相比，而拇指动力器的力量则过于强大。

此时，新领队松毛虫那又黑又亮的脑袋紧张得就跟滴了柏油一样，这时，所有的爵士家族通过丝带把能量传输给了它，瞬间，新领队力量增大了。只一会儿，将近300条松毛虫变形成12米长、犹如波浪的带子。然后又变形成两个队列，第二队列正紧跟在第一队列的后面。这时，拇指动力器又是一击，正中探索器的中部，一条松毛虫丧命，随着能量丝带的截断，探索器分成两段，爵士松毛虫带领着一个列队，又一个新队产生了，探索器现在呈两个队列穿行。这种状况大大出乎拇指动力器的意料之外。拇指动力器突然尾部喷出一股浓烟，把所有的能量丝带给扭曲了，并且用浓烟的力量把爵士家族圈在中间。探索器受到重创后，迅速变形蜷缩成一团，甚至将所有的丝带放弃，然后形成一个坚硬的球体，一动不动。那股外来力量，绕着圈子无从下手，彷徨了很久。远处雷声大作，大雨将至，拇指动力器隐身退去。一切归于平静，探索器重新修整，确实是受损不少，爵士松毛虫为了死去的松毛虫们悲伤了好久，自责了好久。

　　这是一月份的最后一天，快到晌午的时候。爵士家族已休整了几个月，所有的赛车都恢复了战斗力，爵士松毛虫选择了这一天检阅探索器的战斗力。露台的下方有一个金属大盆地，那是那个外来力量拇指动力器的基地。爵士松毛虫漂亮的类似保时捷 Turbo 方程式的赛车开足马力跑在前面，所有的爵士赛车紧跟其后，两分钟后探索器变形成功，它直奔盆地边沿。不

松毛虫慢慢拉长了队列，它们正在铺设一条闭合的环形轨道，大约需要 15 分钟。

一会儿，它们抵达了盆沿，之后从四周陆陆续续地又来了一批赛车，它们慢慢地拉长了队列。沿着环形的盆地边缘，所有的丝带在聚积力量，大约用了 15 分钟，一条闭合的环形轨道就铺设好了。

突然，在盆地中心，拇指动力器喷薄而出，它的尾部如一支硕大的毛笔扫倒了一大片松毛虫，爵士家族立即抱成一团。拇指动力器伸出拇指机器手，把所有的能量丝带剪断，探索器被摧毁。这时，奇怪的现象出现，所有的赛车在盆形边连续不断地行进，每两个赛车结成一个整体，新的能量丝带喷出，固定好。行进的队伍并没有乱，没有哪一个队因为心血来潮而改变前进的路线。丝带在不断地重铺．随着行进在持续地吐着丝，于是一条狭窄的丝带就这样出现了。

拇指动力器放声大笑，瓮声瓮气地说，曾有个古代的哲学家谈及比利时的驴子，说这头蠢驴很有名，当它置身于左右两份燕麦之间时，居然因两份食物重量相等、方向相反，落得个无所适从，不知该吃哪一份，结果被活活饿死。现在你们就是蠢驴了。

爵士松毛虫哈哈大笑起来，骄傲的拇指，谁都知道这是一个假命题，在现实中有哪条驴不会把那两份燕麦分别吃掉呢？

风和日丽，快到中午的时候，爵士家族开始做环形状前进。在重新喷出的丝带上，探索器变成了一根连续不断的链条。拇指动力器圆形头部喷出水雾，环形丝带被倾刻凝固，探索器被一种强大的力量固定在丝带上，机械地围绕着环形穿行。爵士家族通过能量丝带产生一股强大的冲击波，罩住了探索器，拇指动力器无法靠近，时间在一分一秒地过去，战斗进入僵持状态。在夜晚严寒的侵袭下，探索器变形重组，环形群体又被分成了两段，这时万籁俱寂，满天星斗。

天刚蒙蒙亮，双方依然僵持着。爵士毛虫漂亮的保时捷 Turbo 方程式赛车突然开足马立，两枚太阳能光子触角枪喷出猛火，它越出被密封的环形圈，另有 6 个跟随者也越了出来。环形丝带被打开一个缺口，但拇指的魔力依然存在。

接下来，所有的松毛虫都在附近的松针上补充能量，爵士松毛虫回到了潜伏地，重新组合新的家族成员。而环形圈内，由于过度寒冷或者过度疲劳内部有些混乱了，环形丝带断裂。

又有几辆赛车冲了出来，拇指动力器加大力量，缺口被堵住。

这时爵士松毛虫重组队伍，喷出丝带，力量罩住了整个盆地。困在环形圈内的赛车沿着抛来的丝带，陆陆续续飞越魔力圈。拇指发现了，使用更猛烈的火力，场面更混乱，许多松毛虫受伤了，赛车受损，变形无法进行。最后冲出重围的松毛虫们，是由一个胆大聪明的赛车手带领，它们身体腾空，飞越丝带的轨道，大约转了335圈。终于，它们熟练地绕过拇指动力器的阻挡，突围出来。

可想而知，这次火拼后，拇指动力器严重受损，退出战斗，爵士家族同样损失重大。虽然爵士松毛虫利用智慧保住了松毛虫队伍的整体，但未来的战斗仍然需要它去思考和准备。

敏感的蜕变者

一月的松林园子，米尔依然经常光顾。圣诞晚会开得非常成功，他与松毛虫的公约算是结束了，不过，松毛虫的故事还在继续。

神思恍惚的松毛虫安琪儿在一片乱哄哄声中，来到了房子的圆顶上，开始了它第二次蜕皮，这是痛苦而又烦琐的蜕变。它在缓慢地扭动身体的过程中，脱掉了漂亮的旧衣服，换上了一件奇怪的大衣。这一点（关于松毛虫安琪儿第二次蜕变这一点）米尔是知道的，只不过，他不知道松毛虫安琪儿为什么要选择寒冷的一月蜕变。

屋子里还算暖和，松毛虫安琪儿日夜坚守在房屋的平台上，诸多虫亲们免不了互相拉扯。在脱离束缚的过程中，亲人的力量似乎也无形地增大。

松毛虫蜕变后穿上了新的外衣，它的外形发生了很
大的变化。

虽然，松毛虫安琪儿喜欢过去漂亮的服饰，不过，数九寒天它不得
不换上新外套。这件松毛虫背心是暗橙黄色的毛皮，有许多白色的长毛，
显得非常有立体感。一条宽大狭长的切口，横在松毛虫安琪儿那有 8 个节
套醋栗色的身体上。那里有一个隆起的气泡，中间有两个黑色的点，肉点
上竖着两根平面羽饰，四周插着长长的橙黄色毛，像风扇的叶片一样呈扇
形分布。这次蜕变是松毛虫安琪儿的成年礼，它将拥有成熟的身体，添置
第三台武器——从刀口鼓起的泡泡是一个敏感的信息泡。在安琪儿成熟的
表皮下还深藏着这么一个外形像卵形的火山口，这个巨大的火山口吐纳着
气体，像一张庞大的嘴，打开—关闭—打开，静止——消失。它的周围有
白色纤毛，像一只公鸡的冠子。只要稍微受到刺激，它就立即关闭，周围
胡须一样的纤毛会反复匍匐、竖立。

安琪儿的外貌随着器官的改变沧桑了许多，它的皮肤变黑了，橙黄
色的毛发竖起来很像蓬乱的鬃毛一样，样子有些古怪，服装也没那么艳亮

了。只要安静平稳，它的信息泡就会打开，露出张开的嘴巴。只要有轻微的烟草味，就会让安琪儿讨厌，于是整个器官的气孔打开，又很快缩回去。如果烟味太浓了，它只好半扭动身体逃离现场。

安琪儿是个敏感多变的昆虫。当它休息的时候，总是张开信息器，这大概是因为它的多疑、胆小。月亮露出了淡淡的脸，时隐时现的，天气还算可以，是时候出去散步进食了。安琪儿行动时，也不忘张开信息器，当然总是一关一闭交替进行着。这样，它那好像胡须一样的纤毛经常会被折断，因为经常被风吹着，这些毛屑在旁边堆积成金色微粒废墟。这东西虽然令人讨厌，却是安琪儿的一个秘密防身武器。

想来那些以松毛虫为食的猎手，首先得长着特制的胃，否则，如何受得了这些有毒的废屑呢？总不会把这些当成药酒来饮，寻找又痛又痒的刺激吧。那些狭长的刀口的用处还真是多，听说有些"大师"把它当成特殊的呼吸孔，这种看法很别致，难道昆虫是用后背呼吸的吗？

安琪儿固然不会这样。它那气泡一样的信息器，是由一块柔软、裸露的薄膜构成的，所以是异常敏感的。如果有一滴水掉在敏感的驼背切口上，安琪儿就会像蜗牛一样迅速退回壳内，甚至比蜗牛的速度还要快。

安琪儿基及家族一整个冬季都是在夜间出来。当然，白天天气晴好时，它们也会到住房的平台上，大家卧在一起晒太阳。它们常常是夜间出来寻找松针吃，长时间在叶丛中就餐，直到深夜才返回到住所。

在最寒冷的日子里，安琪儿开始不知疲倦、不分昼夜地纺织。每天都要添上一块新丝绸。假如天气好，它也会去吃东西。只有储备了能量，才能不断地更新丝织品。

当其他昆虫在严寒的冬季沉睡时，安琪儿它们却在辛勤劳作。当然，如果天气太坏，北风呼啸，或是冰冻三尺，或是冻雨缠绵，它们也不得不躲在屋里不出门了。安琪儿非常害怕这种恶劣的天气，何况这种恶劣是它前所未闻，也无法预测的。它会为一滴水惶恐不安，也会为一片雪花而愤怒。天气是这样的变幻莫测，再加上安琪儿它们行动速度太慢，

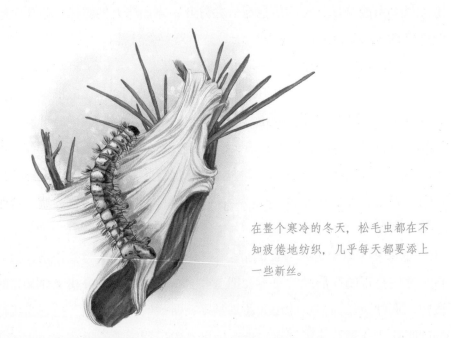

在整个寒冷的冬天，松毛虫都在不知疲倦地纺织，几乎每天都要添上一些新丝。

如果要到达很远的地方，会让它们处于危险境地。因此，不是万无一失，它们是不会离开住所的。

米尔与一个护林人约好来暖房里看松毛虫。因为米尔在暖房里养着松毛虫，这件事不知怎么传了出去。大凡是护林人都对毛虫深恶痛绝，他为什么有兴趣来看毛虫们是怎么吃东西的呢？大约是想从米尔这里取得制伏毛虫的方法吧？

米尔的朋友陪着护林人来了，米尔当然要热情地招待两个人。九点过后，三个人来到暖房，这个时候应该是松毛虫的进餐时间。白天的时候米尔已经放置了新鲜的松枝，松毛虫这个时候居然没出来。他们一直等到午夜时分，结果还是寂静无声，不见松毛虫的踪影。沉闷的气氛把三人刚才的热情冲淡得一干二净，只能散了。

下半夜时外面开始下起了大雪，纷纷扬扬的，这场雪好大。第二天一早起来，米尔往窗外一看，万杜山那圆馒头一样的山顶都变白了。米尔想起昨晚松毛虫的行为，似有感悟，难道是松毛虫对天气的变化非常敏感，它早就预料到了这场雪的到来吗？这么看来，松毛虫不出来与下雨、降雪有关，这不会只是偶然的吧？

十二月的时候，天气很坏，有时家里的狗也不敢出门，米尔仍然要去观察和记录松毛虫外出或隐居的行动，以及白天和夜间天气的状况。他时时注意《时报》提供的气象图。如果米尔想得到更准确的资料，还会请人寄给他气象台的气压记录。米尔在暖房里和园子里的露天松树上的两个地点设置了观察点。这两个地点的毛虫各有特点，在露天松树上的毛虫是安琪儿家族，它们经常拒不外出，只要是刮风或者湿气很重，这些松毛虫都会待在家里。而暖房里却不是这样的情况，或许松毛虫只能感受到重大的变化，而感受不到细微的变化吧。总的来说，在露天的安琪儿应该是全面而准确的观察对象。

过了些时日，由于本地处在巨大的低气压下，气温骤降，一直持续了一段时间。气压从761毫米下降到748毫米，又再次下降到了744毫米。

米尔的两个观察地有什么变化呢？连续十来天里，园子里的安琪儿家族一次也没有外出过。因为气候的变化无常，让这些谨慎的毛虫们感觉到惊恐，只有待在安全处才是它们的首选。暖房里的情况却稍有不同，那些松毛虫会偶尔外出，而且是时而出来，时而返回。但是大约因为它们判断不明确，正在犹豫不决的原因，它们外出的次数相对过去来说减少了许多。虽然在暖房，它们或许也能感受到气压的变化。即使雨雪对暖房里的影响不大，温度变化也不大，但是暖房里松毛虫的行为却相应地变化了。由此，可以推断，应该是气压会对毛虫的生理方面产生影响。再者，在寒冬时节，在露天的安琪儿家族，不管多么寒冷，只要没有结冰，到了晚上，它们都会倾巢而出寻找松叶。虽然暖房里的松毛虫感受不到树枝摇撼，也感受不到刺骨的寒风，但是它们也会减少外出，证明它们已感觉到气压的变化。一旦气压平和，露天和暖房里的松毛虫都会出来。

在恶劣的天气里，松毛虫都会待在自己的暖
房里，只是偶尔外出。

　　米尔根据这种状况，常做出这样的判断。当松毛虫们某一天不明原因地突然隐居起来时，他便在日记中写道："估计最近会有气压变化，会有异常天气发生。"两天后，报纸果然就有相关天气变化的报道。松毛虫安琪儿肯定也预感到了这次狂风，所以它头两天晚上就开始不外出。只有在低气压临近时，暖房里的松毛虫才会骚动起来。一旦低气压过后，骚动便停息了。

　　米尔又得出了这样的结论：大气的变化会引起松毛虫的敏感骚动，它能够预感到暴风雨的到来。松毛虫的这种才能是非常卓越的。

　　这样，每当米尔想去购物前，都会在前一晚上向安琪儿"询问"，然后来决定第二天的行程。每一次判断都很精准，具有绝对的权威性。过去，米尔曾经就这个问题请教过另一个夜间的劳动者——粪金龟，可是它的感觉器官就没有安琪儿那么灵敏，而且，它们的活动时间只是在秋季的夜晚，所以，它对天气的判断准确度无法跟松毛虫相提并论，并且也有时限性。要知道，松毛虫活跃在气候最严峻的冬季，所以它们不允许有丝毫的偏差，否则怎么生存下去呢？

很多乡下的人非常聪明，他们常从动物身上获得天气信息。比如猫要是在炉灶前用爪子反复摩擦耳朵后背，那就预示有寒潮要来临；在不合适的时间，雄鸡无缘由地啼叫，预示要天晴了；珠鸡持续发出刺耳的叫声，表明雨天快来了；母鸡缩着脖子，独脚站立，预示有冰冻天气；暴风雨前，雨蛙齐鸣，"要下雨啦，要下雨啦"。天气即将变化时，受过伤的人会感受到旧伤口处的不适感。

生物界中，昆虫的敏感表现在各个方面，比如对于声音、光，气压等。这种敏感，表现为各自不同的强烈感受。这种种表现，使我们不得不相信昆虫应该是一部敏感而有生命的气象仪器。米尔相信，如果在天气预报方面，人们能进一步地解读这些昆虫，它会和我们实验室里的仪器、水银柱、软管一样准确。米尔相信昆虫同人类有相似的敏感性，只不过，因为少数昆虫特殊的生活方式，使敏感天赋——那特殊的气象器官，进一步被深化提炼，成为它们生活的独特装备。

从动物身上我们能了解天气的变化，比如，暴风雨来临前，蜻蜓低飞，雨蛙齐鸣。

　　由此可见，松毛虫就属于这类昆虫，安琪儿也是这样装备它的生活。安琪儿的第二套服装的独特之处，不是它外表的美丽，那些漂亮的醋栗色镶嵌画，与其他昆虫没什么区别，与众不同的是它的敏感强度。当到了一月时，安琪儿的家族要开始生命中最后的旅途了。于是，所有的松毛虫的敏感本能要充分地发挥了。要提高这种潜能，安琪儿不得不让自己的背部裂开，装上一些敏感的信息收集囊，那些小孔囊不时地张合，时不时地呼进空气，然后通过分析，得出外界气候的各种信息，根据气候信息形成生物信息，告诫自己提防狂风暴雨。

　　在米尔看来，安琪儿的狭长切口是气压计，并非是呼吸器官，它是一种感受大气巨大变化的气象生物仪器。当然，安琪儿的故事讲的就是这些，假如以后有人收集的资料更完备，或许能进一步说明这个奇怪的问题。

第九章

奇特的毛虫世界

松毛虫一般将松树的枝叶作为生存的场所，它在上面行走、筑巢，还会寻找食物。

 **变态的松毛虫**

　　说到变态一词，百科里有几种释义：一是指万事万物变化的不同情状；二是指某些动物在个体发育过程中的形态变化；三是某些植物因长期受环境影响，而在根、茎、叶的构造、形态和生理机能上发生特殊变化的现象；四是指人的生理、心理的不正常状态；五是指心理、行为上有异于常人的一种状态，严重时划入心理障碍或精神病范畴。所有的解释都很正确，不过"变态"指人时，多理解为"心理不正常状态"；指昆虫时，却是"形态发育的变化"，其中的差异是非常大的。所以，人和昆虫的差异就不言而喻了。

　　咱们不妨看一看松毛虫的变态行为。早春时节，紫色郁金香开遍了小山坡，松毛虫在寻找什么？它们会相约在三月的某一日打开房门，一律都穿上微白色的衣服，背上披着橙黄色毛绒绒的斗篷，然后，默默地看着曾经生活的松树园子，曾经居住过的松针和丝绒屋舍，一个个老泪纵横，感慨万千，因为它们即将老去，不得不离开故园，这是它们曾经一起度过风风雨雨、幸福生活过的地方。它们要做最后一次长途旅行，找寻最后的归宿。松毛虫虽属淡情寡欲之虫，却也不是不食人间烟火，它们遵循的是松毛虫的宿命或者说是生命的规律。

　　这是一支3米多长、300多号队员组成的队伍，它们在一种沉重而庄严的气氛中前行。这时候，它们爬过了小山坡，一只采蜜的工蜂停在郁金香花上，后腿的花篮里装满了花粉，它挥舞着前腿向领队的松毛虫致敬。松毛虫队伍停了一会儿，领队示意还礼。然后，它们分成两纵支队，继续前行。它们虽然年岁大了，却依然步伐整齐，一丝不苟。再越过一个浅水溪，它们到达了一个岔路口时，两支纵队又分成了几行纵队。这时，领队伸出一对毛触须，左摇右摆地在前面探路，小分队各自停下来休息，原地待命。

工蜂挥舞着前腿向领队的松毛虫致敬，它从郁金香花上采了蜜，
后腿的花篮里装满了花粉。

毕竟年岁不饶人，有些松毛虫感到腰酸腿痛的，时不时地摇摆着臀和腰。
休息片刻，领队返回来，下令继续赶路。于是，小分队分头各自前行。

阳光就是松毛虫们的导航仪，它们离开了温暖的家，阳光却依然是
它们生命最终的向往。虽然没有确定的方向，也没有确定的目标，但它
们一直向着太阳坚忍不拔地前进。我们相信，松毛虫最喜欢的还是温暖
的地方。

每支纵队由大约 20 条松毛虫组成。这些小分队在长达两小时的行军
后，终于到达了朝南的比较温暖的山坡上。这里长着一些禾本科植物，虽
然比较干燥，但还容易挖掘。领队用自己的大颚在地上刨出小沟，它在探
测地形。队员们停下脚步又一次原地待命。松毛虫有着严密的纪律，不管
是哪一次行军，它们的队伍总是一环扣一环，不允许有丝毫自己造成的失
误，除非是外界干扰。每一个成员都毫不犹豫地听从领队的决定，不管是
在选择变态地点上，还是行进中应对各种变化的决策上，它们都集体服从
领导的决定和安排。

　　领队终于停了下来，这应该就是它比较满意的地点了。随后，队伍停下脚步，所有的队员分散开来，开始自由活动。它们扭动着身体，似乎在为胜利到达目的而欢呼。轻松过后，一切又得步入正轨了。在干燥的沙土上，所有成员开始了行动，它们用额头推，用大颚挖。随着沙土被一点点挖出，松毛虫们的脑袋沉没在坑里，但它们依然不停地翻耙挖掘。

　　松毛虫们逐渐挖出了隧道，它们的身影渐渐淹没在坑穴里。当挖松的土地有了裂缝后，松毛虫就会稍微转动身子，让泥沙盖上裂缝。最后，它们集体消失在三指深的地下通道里。难道松毛虫自掘坟墓，走向死亡？其实不然，松毛虫所要做的是4个月的羽化准备，它们将走向新生，这就是松毛虫的变态。

　　到了七月底，雨水多了起来，并冲刷着地表，携带着沙和土流走了，还有部分雨水渗入地下。当太阳出来时，地表的水分蒸发了，表层的土壤变得干硬起来。这时候，地下的松毛虫蛾从茧里挣扎着出来。它们佩戴着各种各样的服饰，漂亮的翅膀像狭窄的背带一般，紧紧地缚在身上，长长的触角还没张开。松毛虫在黑暗的地下，伸着一对双足刨着身边的泥土，是时候要离开这里了，毛虫们要从地里成功上升，主要障碍是这对还未完全羽化的美丽翅膀，怎么才能完美地脱身而出呢？这是个问题，也不是个问题，松毛虫蛾们能找到办法的。

　　是啊，松毛虫蛾们有的是办法，比如它们有一种特殊的能力，能够自由地控制推迟羽化的时间，在这点上，它们不像其他的虫蛾，一出茧就展开翅膀。松毛虫蛾们会非常敏感地根据所处的环境条件，决定羽化的时间。

　　这是个艰难的过程，从地下上升到地面，松毛虫必须花上很长的时间去挖一条缝隙。在这种条件下，延迟羽化是很有必要的，它们没必要过早地炫耀漂亮的衣服，这样会妨碍它们的挖掘行动，无法两全其美。当然，如果松毛虫蛾爬上地面，获得自由的时间提前，它们也只能用消耗时间来完成最终的羽化。

松毛虫蛾爬上地面，它获得自由的时间提前了，只能
通过消耗时间来完成最终的羽化。

    有个问题是值得关注的，松毛虫蛾是用什么神秘的工具来挖开地道
的呢？除了灵活的双腿，还会有什么？如果要进一步观察，不妨去触摸松
毛虫蛾们那繁复的头部，那些斑驳隆起的就是它们的秘密武器了。它们拥
有四五个横向的小薄片，那些安置在头顶上黑色的小薄片异常坚硬。它们
尖尖的头很像一弯新月，层叠成阶梯形状。当然，最重要的是，在它们的
头顶中央，还有一片最长的，那是一架钻头，它会像金钢钻一样坚固耐用。

    土壤里的水分蒸发得很快，如果运气好的话，松毛虫蛾会找到比较
松软的一块土，顺利地钻出地面。在泥地下，它们直立着身子，那像圆筒
似的身子快速地转动额头，从不同的方向敲打着土壁，曲柄钻头来回钻动，
一些泥土小块儿倾泄着掉下来。与此同时，松毛虫蛾的双脚也在不断地向
后压。空间在一点一点扩大，松毛虫蛾在慢慢地上升。大约要花上两天时
间，一条 25 厘米长的垂直圆柱形的地道打通了。

    所有的人都会赞叹毛虫在生命羽化过程中，这种艰苦卓绝的奋斗。
在这些行为中，我们会明白一个道理，只有把目的和手段完美地结合，才
会无所不能，这是至高无上的真理。当某种智慧支配着这个世界时，一切

秩序、和谐，就不是一句空话了。

当我们期待完美的奇迹发生时，奇迹终于发生。那些到达地面的松毛虫蛾正慢慢地打开它们的翅膀，然后张开羽毛饰物，再把它们所有的茸毛鼓动开了。不要以为这只是件容易的事，这其实是件棘手的工作。这时候它们的服装看起来还是比较简朴，几根带着棱角的褐色翅脉装饰在灰色的前翅上，而后翅却是白色的，胸部是灰色的，腹部围着的茸毛是橙黄色的。过一会儿，它们的尾部发出淡金色的光泽。乍一看，像一个个披着金甲的武士，这可是由天然金块组装的闪闪发光的铠甲啊！最主要的是，这些铠甲将会一层层地褪去，搭成玉米棒似的排列的虫卵屋顶，漂亮的茸毛也会用来遮蔽虫蛾母亲的卵。

松毛虫蛾陆续升上地面，完成了羽化。现在它们爬上了松树低处的一根松枝上，一动不动地等待着。它们坐在树枝上看太阳落山，霞光映红

完成羽化的松毛虫蛾爬上松树低处的松枝，准备完成繁衍后代的使命。

了天边，并且柔美的霞光给高处的松针上抹了一层金黄。最后一道亮色消失了，美丽的松毛虫蛾们将要完成生命中最重要的使命——繁衍后代。在夜间，它们要进行交配和产卵。第二天，当一切都结束时，松毛虫蛾们的生命也走到了尽头。所有的生命都有一个更新换代的过程，这就是生命的接力，生与死就这样转化着。

到了八月，在松树低矮的枝叶上，一个个新的生命即将诞生。那些松毛虫卵被隐藏在低矮的松树细小的枝梢上。这些像戒指上的宝石基座一样漂亮的卵群，这些像珍珠一样晶莹的卵群，它们像鱼鳞片一样排列着，在暗绿的树叶间闪着银光。

松毛虫在大多数人眼中是害虫，因为它们啃食松针，使松树秃顶，影响了松树的健康，破坏了公园的美丽。其实人们只要了解它们的习性，要找到消灭它们的办法非常简单，那就是只要找到松针上显眼的卵，把松针和卵一起折下来，用脚踩碎虫卵，可怜的松毛虫卵就死于非命了。

但是这种方法只能处理掉少量的松树上的虫卵，对于成片的森林，

松毛虫将卵排在松针上孕育下一代，却给松树
带来了很大的伤害。

或者以整齐为美的公园来说，这种方法并不是很见效。当然，也许另一种方法更行之有效，我们可以把所有松树那些接触着地面的枝条去掉，每棵松树下端的树干，必须在 2 米以下没有枝条，这样去防范就足够了。因为尾部装着卵囊，身体显得笨重的松毛虫蛾，如果没有枝条作为阶梯，是无法到达松枝更高的地方定居的。这样的话，它们就再也无法给卵囊找到合适的位置，给将出生的小毛虫找到松针储备仓库，那么它们的后代将面饥饿的绝境，而造成数量锐减，也就达到了治理虫灾的目的了。

虽然如此，存在就是真理，任何生命都有生存的权利，这是大自然的原则！

里昂的服装发布会

昆虫季刊这样进行了下面的报道：

5 月 25 日上午，由松毛虫服装学院与明宝纺织携手推出（2111—2112）服装设计新品发布会暨招商订货会，在松树林国际轻纺城隆重举行。松毛虫服装学院院长松毛虫里昂，明宝纺织社长路易，昆虫王国十佳设计师甲壳虫大师、粉蝶大师，松毛虫知名服装设计师吕，月亮影儿集团，酷B 衣橱，伊美尔服饰，朵兰乐，奥古虫服饰，蝉莉丹服饰等来自昆虫王国内外设计界、教育界、商业界的代表出席了发布会。

作为 2111 年松毛虫大学生的首界时装周的首场秀，松毛虫服装学院敢为人先，锐意创新，它们联合知名纺织企业——明宝纺织重新包装定位毕业展演。以动态及静态多维展示的形式首度亮相，吸引了数百名服装界的专业昆虫、社会昆虫以及众多来自昆虫王国的服装爱好者，近千名嘉宾现场观摩。有十几家知名媒体进行报道，气氛火爆。T 台上，一件件精美的华服来回穿梭，宛若一朵朵美艳的娇花在眼前华丽绽放。作品风格各样，

甲壳虫、粉蝶、松毛虫等都拥有美丽的外衣，它们可以说是昆虫界的服装大师。

传统与现代、民族与流行相结合。本次发布会共发布了 27 个系列约 180 套衣服，是对现今高档女装品牌成衣设计理念的重新探索与思考。充分体现了松毛虫服装学院学子独到的创新理念和扎实的专业基本功。演出过程精彩纷呈，得到了全场嘉宾与观众的一致好评和阵阵掌声。

这条新闻的发布，浓缩了松毛虫里昂的多少心血啊！为了这场发布会它准备了将近两百天的时间。当它读完这条新闻时，呷了呷杯中的红葡萄酒，心情变得愉悦、舒畅起来。

松毛虫里昂是一个曾经不起眼的毛头小虫，它出生于松树林一个普通松毛虫家庭，它的父母一生平庸，毫不起眼。里昂曾把自己的一生比作三套服装，因此它也为自己准备了三套服装。

这第一套服装是它年轻时穿的，那时候，它刚刚进入昆虫时装界，名不见经传，在默默地学习和寻找机会。那是一套由一层薄薄的、乱蓬蓬的细密茸毛的布料手工编织的服装，虽然显得很粗糙，但充满自然、野性的美。

　　这第二套服装是各种装饰着金色枝状物和醋栗色镶嵌画的新锐时尚作品，这套服装充分展现了松毛虫里昂敏锐的观察力和创造力。

　　还有一套中年服装是这三套服装中最抽象的。服装整体分成8个节，这8个节上有一道狭长切口裂开，最惊世骇俗的是，切口犹如时而打开、时而闭合的唇瓣，从里面会鼓胀出泡泡来，那些橙黄色的短须斜插在胸部两侧。看起来与众不同，超凡脱俗。说起这套服装设计理念，有一段很长的故事。

　　松毛虫社会是众所周知的群居社会，平均分配，平均消费，这里的教育是公平的。松毛虫里昂从小选择了服装设计，那时候，它为大家设计过一套绒毛服装，受到了欢迎，因为那时接受这套服装的都是年轻的松毛虫们。

　　后来设计的这第三套中年服装，在还没开发布会之前就在小型场合露面了。不过，昆虫服装界有一名知名人士粉蝶对这件事提出了异议。原因很简单，因为松毛虫的这套中年服装，采用了毛质原料，这种原料由诸多松毛虫们试穿，过了一段时间后，一名粉蝶因为接触了松毛虫，竟然出现了中毒现象。这事被粉蝶大师知道后，它专门进行了调查。

　　粉蝶大师派出一名生物学家蛹蝶去研究取证。蛹蝶摆弄松毛虫里昂设计的那套服装，它拿着放大镜，整个上午都在观察。24小时内，它忽然痛苦不堪起来，因为它的眼皮和前额发红、疼痛、奇痒，这种难受的感觉比荨麻刺开的小伤口还要厉害。当蛹蝶撑着丑陋无比的脸去见粉蝶大师时，它的可怜相让大师感到十分不安。为了不让大家担心，蛹蝶向它们讲述了自己的遭遇。

　　蛹蝶滔滔不绝地讲起那些被弄碎的、一片片堆起来的橙黄色纤毛给它带来的痛苦。具体经过是这样的：蛹蝶为了寻找这些服装上的纤毛，便对着它吹气，将绒毛吹开。它立刻就感觉到痒，为了要消除痒的感觉，又用手使劲地揩，结果，使得它变得更痛苦了。

　　粉蝶大师了解了这一切，更加气愤了，决定停止里昂的服装设计工作。蛹蝶觉得不妥，说服了大家，决定调查继续进行下去。它向大伙保证，将会双倍小心，不再受伤害。

触碰松毛虫会引起瘙痒，到底是什么原因呢？
这确实是一个值得研究的问题。

可见，在对松毛虫服装进行探索研究的过程中，并不是什么事情都是美好的。蛹蝶为了尽快从这起意外事故中恢复过来，决定用预先策划的实验来预防这种意外。

蛹蝶继续上次的实验，它稍稍打开囊袋后，小心地用镊子尖收集到一点内部的碎毛。然后它将这些碎毛安排在 N 个实验对象身上，并对其结果作了对照。

它在不同的实验中得到一个很明显的结论，那就是所有发痒的原因就在于松毛虫纤细的毛，如此结果很快被证实了。三月中旬，蛹蝶有一次来到松毛虫集中地，进入松毛虫的家里调查，才刚刚离开，它的指尖就开始疼起来，一直持续到晚上。

究竟是怎么回事呢？首先，它并没有动这些松毛虫的服装，而且当时住房里的松毛虫也极少；其次，它也没有碰到松毛虫丢弃的旧服装。排除了这些原因，还有什么可以解释这种情况呢？

蛹蝶用放大镜仔细地观察橙黄色的纤毛，这就是造成瘙痒的根源。它发现，纤毛的前半部分装着有倒钩的小棍子，很坚硬、很锋利。没有管状体，很显然，有刺的纤毛并不是引起刺痒的真正原因，而应该是别的原因。它最后发现，这种带刺的纤毛能够把引起痛痒的小颗粒粘到别人身上。就像仙人掌有很小的毛刺，只要碰到它，就会被它那些尖刺所伤。除此之外，别无他痛。松毛虫服装上的纤毛能够穿透皮肤的话，力量也应该很弱。除此之外，还会有什么呢？

现在，蛹蝶要进行两次实验。分别是松毛虫皮囊屑的实验和浸泡毛虫皮得到的溶液的浓缩实验。第一次实验的结果是十分明显的，两种皮囊屑在实验对象身上，没有出现任何的反应。第二次实验也有了肯定的结果，实验后剩下的溶液使得实验对象产生了痛苦反应。这次痛苦的实验，所得出的结论是，引起刺痒的原因不是茸毛绒。

蛹蝶继续分析，浓缩的乙醚提取物所引发的刺痒，要远远比茸毛造成的刺痒严重。为什么会有这种结果呢？原来是浸泡在乙醚中的是 50 张松毛虫皮，而在提取时乙醚又不断蒸发，最后只剩几滴。这样，吸取在一小片吸水纸上，纸片就带着 50 单位的毒性。如果接触到这一小片纸，就相当于同时接触了 50 单位的毒素。很确切的结论是，这个毒素是来源于松毛虫的皮。最后的实验结果是，因为在松毛虫所居处的环境中，它们习惯吃喝拉撒在屋内，它们的排泄物聚集在里面，这样长期生活在那儿，不可避免要沾上有毒的颗粒，何况它们那服装上的茸毛，应该全都沾满了这种小颗粒。

蛹蝶是个富有自我牺牲精神的人，或许它的唯一目的就是要了解事情的真相。这样的好奇心使得它痛苦不已，奇痒难忍。无论是用酒精还是甘油，或是肥皂水都无法清洗掉、解除痛痒。怎样才能稍稍减轻松毛虫带来的痛苦呢？蛹蝶选择了菜地里长的马齿苋去擦试，局部的灼痛感完全消失了。然后，蛹蝶还不断地找到了其他的止痛止痒草药。比如番茄叶和生菜叶都对毒素引起的灼痛、骚痒有奇特的疗效。

一切都真相大白，松毛虫里昂的服装没有任何的问题。不过，看到这种结论，里昂并不是很高兴。相反，它觉得悲哀起来，它的家族长期生

仙人掌上有很小的毛刺，人们如果触碰它，
很容易被那些细小的尖刺所伤。

活在贫穷落后的环境中，它应该改变这种现实。

今天，服装界召开了它一生中最珍视的服装发布会，为了松毛虫的未来，里昂将会不懈地努力奋斗。

T台上，皎洁的月光洒在时装模特身上，它们沐浴在柔和浪漫的光线中。从弦月到满月，从春月到冬月，在不断地变化中，月光正静静地流向松林间毛绒绒的小屋……

 送你一个野草莓蛋糕

在塞里昂的丘陵上，满山遍野都是野草莓树，斯蒂文的庄园就在这里。斯蒂文是一名退伍军人，他选择这个定居点，是因为这里处在地中海海岸线，冬季温暖湿润，很适合居住，还有一个重要的原因就是他爱吃野草莓

蛋糕。

斯蒂文在山坡上建了个木屋，木屋四周是草坪，草坪外围是树林，靠南的一面生长了许多野草莓树。斯蒂文每天活动的范围很小，每个星期六的早晨，他会驱车去附近的小镇购物，下午的时候就赶回庄园了。

看起来野草莓树长势喜人，不过他很快发现野地里的草莓树上长了许多毛虫，这可不行，它会吃光树叶的。因此，他就多了一项工作，有空的时候，他会仔细地观察这种毛虫的生活习性。为了对毛虫有初步的了解，星期六的时候，斯蒂文驱车去小镇了，他想买些关于防治毛虫的书。跑遍了小镇大大小小的书店，斯蒂文没买到需要的书。天色快暗了下来，他才不得不返回家。

斯蒂文赶回庄园时已经很晚了。他停车下来，发现小屋的门口有一个女孩向他求救，她的手被野草莓毛虫灼伤，肿痛难忍。斯蒂文把这个奇怪的女孩请进小屋，打开他的救治箱，取了些药让女孩服下。女孩子说她有个毛虫研究课题，因此选择到这片野草莓树林来。斯蒂文很有兴趣，便邀请女孩一起喝他自酿的葡萄酒，聊了一晚上关于野草莓毛虫的话题。

女孩说，能使人痒痛的毛虫种类并不多，她知道的只有松毛虫和野草莓树毛虫。野草莓树毛虫属于灯蛾属，它们羽化后，会变成美丽的飞蛾，全身雪白，腹部套着橙黄色的环，异常鲜艳。

斯蒂文问，它们是有毒的蛾子吗？

女孩说，它们非常像毒蛾，但个子不如毒蛾大，它们的活动领域也和毒蛾不同。野草莓树毛虫的习性也没有成串爬行的松毛虫那么令人兴味盎然。野草莓树毛虫是有毒的，它们所造成的灾害和破坏更是值得注意的问题。因为太晚了，他们的谈话暂时停止，女孩占用了斯蒂文让出的暖和的床，斯蒂文在小杂物搭了个临时床铺，一夜无事。

现在是初冬季节，西风南移至此气候区内，从海洋上带来了潮湿的气流，加上锋面气旋活动频繁，因此这里气候温和多雨。那些郁郁葱葱的灌木，有着碧绿油光的枝叶，有一些像草莓般的野果，圆鼓多肉，色泽鲜

野草莓树毛虫属于灯蛾属，是有毒的；它们羽化后，
会变成美丽的飞蛾。

红。还有白色的小果，它们一串串的像铃兰的小铃铛。木屋南边山坡上的
野草莓树非常优雅，它们用花朵或者果实装饰着绿枝嫩叶，确实让人赏心
悦目，这些花朵和果实类似于鼓胀的铃铛和珊瑚弹子。斯蒂文告诉女孩，
在他所知道的植物中，只有野草莓的开花期和成熟过程同步。

第二天一早，女孩子又到那片草莓树林里去了。斯蒂文在小木屋里
看着女孩留下的本子，那是记录她这么多年来考察结果的笔记。笔记中有
这么一段文字引起他的注意：

许多红彤彤的覆盆子会变软，然后它们也会变得甜美无比，这是鸫
鸟爱吃的水果。老妈妈将它们采摘回家，花上一两天的时间，就能制成美
味的果酱。可是，那些优雅的野草莓树却面临着厄运，尽管它是那么的漂
亮、迷人，但愚蠢的樵夫却把它们当成荆棘砍掉，然后当成炉灶的燃料。
除此之外，它们还要面临更冷酷的杀手，就是野草莓毛虫这家伙。如果冷
酷贪婪的毛虫用大颚袭击了肉体，那种痛苦就会如火烧火燎般的灼痛。如

果它们袭击了野草莓树，那所有的枝叶都会像被火烧过一样的颓废。拾柴的村姑和打柴的樵夫都对松毛虫恨之入骨。当他们谈到毛虫时，他们的表情使我想到了瘙痒和疼痛，让人不由得想象着，毛虫的毛在裸露的皮肤上擦过后的感觉。

这种不受人尊敬的毛虫，这种在野草莓树上定居的毛虫，让我来了解你们吧。等到毛虫羽化成蛾，它便会穿上漂亮的服饰，胸部点缀着漂亮的絮状披角和角状羽饰。它看上去真的小巧可爱又浑身雪白，它喜欢把卵产在野草莓树的叶子上。它预先在叶子上安上一个小垫子，这东西是橙黄透白的颜色，长度有 2～3 厘米，像个披针形状。如果再用手摸一下试试，会发现小垫子像鸭绒被那样柔软。每个垫子的一端固定在枝梢柄上，那些闪着金属光泽的卵，就隐藏在这温柔乡里。

到了九月，野草莓树上的虫卵孵化了，它们开始啃食野草莓树的叶子。幼毛虫进食的时候，总会先从叶柄啃起，然后向上前进，一直蚕食到叶梢。它们在同时进餐时，排成一条线。在前进的同时，用毛线织着网，这是一张保护网，既可遮太阳，又可充当防御工具，因为这时候的毛虫还很弱小，一阵风也能把它们卷走。

这群新生的毛虫很快能让这片野草莓树叶消失，不久，树叶弯曲变形，只剩下支离破碎的枝架，光秃的树枝上覆盖着一张绵延的丝网，偶有残叶圈在里面，像诺亚方舟一般稀罕，犹如世纪末日般的孤独。

斯蒂文丢下本子，在木屋里踱来踱去，他想到对面的野草莓树，想到了自制的野草莓蛋糕，是应该想办法禁止毛虫的不法行为了，能有什么办法呢？那个女孩会有办法吗？她现在去了哪里呢？想着想着，斯蒂文还是去拿了本子，再往下看，或许会看到治毛虫的办法。

笔记中继续写道：

十一月，气候变得很恶劣，它们在一根枝条上做了个小屋。屋子的材料是一方耀眼的白色绸缎，它们把啃咬过的树叶和小枝用丝线系住，然后用劲儿拉牢固定，将每个房间连接起来。这是一间过冬的暖和小屋，在

野草莓毛虫拥有硕大的胃囊，它们会大量地啃食树叶，会对树木造成很大的破坏。

　　春回大地之前，这些弱小的幼毛虫就住在里面，不再外出。这些被丝线拴住的许许多多的树叶也就成了它们冬天的度日食粮。

　　这种房子的门窗遮盖得严严实实，即使有雨雪的袭击，毛虫们也没有什么可担心的。在这漫长的近4个月的严寒冬天，它们将过着足不出户的修行生活。到了来年三月，春回大地的时候，这些饥饿的修行者才开始搬迁。这时，毛虫会毫不留情地啃光所有的树叶，才能满足那硕大的胃囊。

　　可恶的野草莓毛虫展开了大扫荡行动，犹如风卷残云一般一扫而过，一大片野草莓树被摧残殆尽。

　　六月，发育成熟的野草莓毛虫离开野草莓树来到地上，在地上干枯的树叶中吐丝做茧。当然，为了节约能量，那些茧里除了丝还有毛虫身上的毛。这时它已穿上绚丽又别致的服装，后背描上两排橘黄色的斑点，再披一件灰色的毛衣，两侧是雪白的短毛马甲，腹部兜着两块栗色的丝绒包包，它的身上还挂着小巧玲珑的"酒杯"，这应该是它们的信息收集中心。

如今正是酷暑时节，这时候最苦的差事就是，把长满毛虫的小灌木砍伐掉。我倒也不怎么抱怨。其实原因很简单，因为摆弄它是我经常的工作，比如，把毛虫贴在手指甚至脸上等最敏感的部位。为了我的研究，时常需要连续工作几小时，寻找一些虫窝，却也没有什么不舒服的感觉，除非去接近毛虫的蜕皮。

孩子细嫩的皮肤是没有什么免疫力的，小约翰帮助我收集毛虫窝的虫虫，接着他就开始搔抓脖颈，还出现了虎纹似的红色浮肿。他常学着我一样，硬充好汉。幸运的是，20小时后小约翰的浮肿消失了。

后来，我采用乙醚处理野草莓树毛虫，浸泡了一百来只幼毛虫，时间是两天。两天后再过滤浸泡液，并让其自然晾干，待到只剩下几滴液体时，用一张一折为四的吸水纸吸取。然后，贴在前臂内侧，我又在亲自实验毒性。上午贴上，当天晚上我就瘙痒得快熬不住了，焦躁不安，彻夜难眠。第二天，皮肤红肿，布满脓疮，有针扎似的灼痛感。五天之后，损伤的表皮掉落，像鳞甲一样。一个月后恢复了正常，却留下了红色的斑块。

斯蒂文看到这里，不禁肃然起敬，多么了不起的女孩子啊！

太阳光透过窗帘照进来，把窗帘上的印花衬托得非常漂亮，烤箱里的蛋糕散发出香味。斯蒂文灵机一动，他洗了几个野草莓，调了一些奶油，他决定做一个野草莓蛋糕。

午后，女孩子终于从外面归来，一身尘土，脸被晒得黝黑，却带进一股喜悦的风。

"我找到了控制野草莓毛虫灾害的方法，斯蒂文先生！"女孩放下东西，洗干净脸和手走进木屋，迫不及待地告诉他。

斯蒂文拉了张椅子让女孩坐下，然后掀开桌上的白餐布，露出那个野草莓蛋糕。

"是吗？太好了，我的野草莓树有救了。辛苦了，亲爱的女孩，我

送你一个野草莓蛋糕。"

女孩子捏起一个草莓，开心地笑了，美丽的大眼睛里闪着野草莓的红光。

德尔吉的生物武器

德尔吉对昆虫的爱好到了痴迷的程度，学校所有的课程中，他最喜欢生物课，最不喜欢语言课。

这一天是比尔老师的语言课，德尔吉本来约好跟汉斯去池塘边的松树林捉毛虫。不料汉斯临时变卦，于是德尔吉只好留下来听课。比尔老师是个可爱的老头儿，性情温和。德尔吉并不讨厌比尔老师，只是因为语言

德吉尔非常痴迷于昆虫，他最喜欢的就是生物课了。

课让他感觉疲倦，加上昨晚他又研究了半夜的毛虫。比尔老师才讲了十分钟的课，他便进入了梦乡。

德尔吉感觉自己来到了水塘边，这是他和汉斯常来的地方。水塘里有两只白鹅，突然它们上了岸，开始说起话来，那样子挺像同学艾莉和琼的。

"艾莉，听说德尔吉研究出了一种新式的生物武器，那东西只有黄豆大小，只要扔在人身上，就能让人立刻瘙痒，然后大哭，最后瘫倒下。"

"还有这种武器？琼，你听谁说的？"

"别管听谁说的，德尔吉的研究成功了，这是事实。"

……

"啪！"德尔吉被吓醒了，书本掉在他的脚下。他抬头一看，比尔老师站在课桌边。

"昨晚干什么去了？"

"老师，他晚上一定是研究他的昆虫去了。"是琼的声音。

德尔吉侧目看了看琼，今天她穿了件白色的套裙，怪不得被想象成白鹅了，德尔吉竟忍不住笑出声来。

"笑什么？"

"他一定梦到去小池塘的松树林捉毛虫了，所以很开心。"是艾莉的声音。

艾莉也穿了件白色短袖，头发上还别了个红色的蝴蝶结。

下课后，德尔吉被班主任艾伦请到办公室，班主任是生物老师。不管怎样德尔吉还是挨了一顿批评。最后，艾伦把德尔吉带到他的实验室。

原来，亲爱的班主任也在研究昆虫。艾伦笑着对德尔吉说："只要你保证把语言课学好，这个实验室就有你的份了。"

德尔吉一阵狂喜，保证说能做到。

这样，每到双休日，德尔吉就经常和艾伦在一起。当然，艾伦少不了把他研究的成果拿出来与他分享。

"对于为什么与毛虫接触会引起人的皮肤严重过敏这方面，我已经取得了一些很小的突破。如果用乙醚浸润毛虫皮，得出的实验结果是，毛虫皮并非罪魁祸手。既然毒素并非来自毛虫的浓毛，那过敏源究竟来自哪里呢？"

德尔吉觉得这种探讨是很值得的，如果有结果，他一定能将这个运用到新式武器上去。

"下面我要阐述的是一些对刚入门的人可能更有帮助的细节。那些在松针上爬行的毛虫，是否拥有像膜翅目昆虫那样相似的分泌毒液的腺体器官呢？"

"有吗，老师？"

"没有。"

德尔吉有点失望，他着急地捉起一只松毛虫。

"通过解剖可以看出，松毛虫没有这种器官。德尔吉，你要研究昆虫，要学的东西还很多。比如，你得学会解剖，才能了解昆虫的内部构造。"

德尔吉点点头，要学的东西真的很多，他得一步一个脚印地走下去。

"我们无法确定毒素到底来自哪里，或许不是器官，或许是以任何形式存在于血液之中？这是一个很严肃的问题，一切都得以实验结果来证明。"

"您证明了吗？"

"前些天，我取了五六条毛虫的血，然后取了几滴。用一块吸水纸，将这些血吸尽，然后贴在我的前臂上。"

"啊？老师。"

艾伦把前臂伸出来给德尔吉看。

"半夜，我被痛醒了。这对我是一种精神上的享受，因为找到了结果——松毛虫的血液中确实含有毒素。因为它，我的皮肤瘙痒、肿胀，有灼热感，长脓疮，以至于表皮发生了变化。

"可人往往只接触毛虫长出可怕纤毛的身体，很少有机会接触到它的血液啊？"德尔吉不解地看着艾伦。

"嗯。毒素在毛虫的血液中并没有参与器官运转，它只是一种需要排除的残渣。我们是否能在松毛虫的尿和粪便中找到呢？"

德尔吉，现在我们来做个实验吧。

"下面这个实验和上次的实验性质一样。你将那些干燥的松毛虫的粪便浸泡在乙醚里。两天以后，我们抽时间再来看结果。"

第二天，德尔吉去找艾伦老师，他却不在。第五天有节生物课，艾伦老师告假，由另一个老师代课。德尔吉很着急，实验室的结果还没看到呢。

大约过了三星期，艾伦老师来上课了。课后，德尔吉跟艾伦来到实验室。

不等德尔吉开口，艾伦就笑着说："我知道你想说什么，坐下听我说。"

艾伦的皮肤上又出现了一块红斑。德尔吉似乎明白了什么。

"那些东西浸泡一两天后，液体变成暗绿色。由于两天的自然蒸发，

由于松毛虫的纤毛经常接触它通过粪便和尿排出的毒素，毒素自然沾满了它的全身。

容器里只剩下几滴，我用原先的老办法把这些液体吸取，然后用绷带绑在手臂内侧，大约 20 小时后才将它取下，结果你看到了吧。"

德尔吉很明白艾伦的心思，大约他不想让德尔吉承受什么，所以独自一个人去承受。

德尔吉兑现了自己的诺言，他不再逃避语言课，为了得到艾伦的进一步帮助，他用了一半时间去加强语言的学习，以求达到最满意的效果，取得一定的成绩。

德尔吉和艾伦在双休日对毛虫的研究仍在进行，艾伦用来做实验的皮肤康复得很慢，直到 3 个多月后，红肿和不适感才完全消失。艾伦告诉德尔吉，这次的实验让他受到了前所未有的痛苦，所以，这次的松毛虫毒素比任何一次都要强。

实验的结果非常清楚了，松毛虫的毒素是器官排出的机体残汁，通过粪便和尿夜排出。因为松毛虫的排泄物多聚集在居住点旁边的通道上，而松毛虫的纤毛经常接触磨擦这些排泄物，自然全身沾满了这种毒素。这就是松毛虫的毒品武器。

德尔吉说："艾伦老师，我们可不可以利用这个毒素制造化学武器？"

艾伦老师望着德尔吉，一脸的严肃。

"我对你这种说法暂时持保留态度。"

德尔吉伸了伸舌头，不再做声。

"我们研究生物，是为了了解生物，我们也可以从昆虫身上借鉴优秀的技能，这些是为了造福我们，而不是制造武力。我相信松毛虫特殊的毒素，至多是用来自我保护的，或者什么也不是。对于松毛虫来说，它还长着可怕的纤毛，能让人感到害怕，而那些没有毛而皮肤裸露的昆虫呢？好像更需要对付，难道它们都具备毒素？"

艾伦老师看了看德尔吉，德尔吉跳起来："蚕宝宝的屎在中国也被人们作为药来使用，这是不是也有毒呢？因为中国人爱用以毒攻毒的方法治病。"

就这样，蚕成了德尔吉和艾伦的实验对象。所有的人都知道蚕的身子柔嫩可爱，小孩子也常去摸它，并没有任何毒性。

或许，这些只是表面现象呢？他们的实验结果证明了这一点。

事实的确如此，那种让人瘙痒，使皮肤肿胀及腐蚀的毒素，在蚕的粪便中也有。或许，许多昆虫都拥有这种毒素，于是，他们的实验范围进一步扩大。

他们收集了各种虫子的粪便颗粒进行实验，然后又对多氯蛱蝶、大戟天蛾、甘蓝粉蝶、二尾蛾、大孔雀蛾、豹蠹蛾以及野草莓尼蛾等虫子的幼虫进行实验。所有的实验，都使他们产生了不同程度的刺痒。从理论上

艾伦老师一脸严肃地望着德尔吉，看起来他并不赞同德尔吉的说法。

来分析，得出的结果是，让人产生痛痒的毛虫都过着群居生活，而且长期定居在栖息处，它们就是毛虫和各种灯蛾毛虫。

接下来，艾伦老师把进一步的分析交给了德尔吉，让他在一个学期末写出分析结果。

一个学期下来，德尔吉的语言课进步了许多，为此他受到了比尔老头温和的赞许。同时，德尔吉的考察结果也出来了，艾伦老师很满意，并在教室里张贴了德尔吉的"分析记录"。

琼当众把他的文字用充满激情的声音读了出来。

"我对池塘边山坡上松树林的松毛虫进行了细致的观察。它们那做在树上的特大的丝织的巢，外表光洁漂亮，里面却到处是垃圾。它们一天到晚都生活在那里，只有晚上才出来觅食。它们在里面走来走去，浓毛上沾满了干燥的颗粒，而它们从不清理。但因为颗粒细小，人眼是无法看清楚的。而它们经常用自己的毛轻轻触擦粪便，这种做法让它们的毛染上了病毒。由此，可以推断出，松毛虫之所以能使人的皮肤痒痛，是它们身上沾上的污物所造成的。

"再看看灯蛾毛虫吧。它也有粗糙的毛，为什么不像松毛虫那样沾着毒素呢？第一，因为它不喜群居，到处漂泊；第二，灯蛾毛虫不会停留在它自己的排泄物旁。所以，灯蛾毛虫跟松毛虫不一样。

"蚕也是群居的，为什么它身体不会染上毒素呢？原因有二：其一，这些蚕身上没有浓毛，很难沾上蚕砂颗粒；其二，它们不爱接触排泄物，桑叶是它们与排泄物之间的隔离物，所以它们的身体是无害的。

"初步结论：毛虫因为长时间与丝巢里的排泄物接触，纤毛上染上了毒素，所以使人皮肤瘙痒的毒素来自它们的粪便，它们的毛皮是传递毒素媒介。

"我用一张纸收集到一只多氯蛱蝶排泄的带血的斑点。沉淀后所漂浮的液体像胭脂一样红，我问过艾伦老师，他说那是一种尿酸盐形成的。然后我再把晾干的纸浸泡在乙醚里，我用艾伦老师拿松毛虫的粪便来做

实验的方法，进行了实验，结果得出：它们同样能够让人产生瘙痒，发烧，发炎，发颤，有渗出物和红斑的情况。3个月后，红斑消失，溃疡消失。"

艾伦尖叫一声："亲爱的德尔吉，你好伟大！"艾伦老师抱着德尔吉就啃了一口，一群学生笑翻了天。

"你的伤口在哪里，当时很疼吗？"琼眼泪巴巴地问。

"伤口不是很疼，只是样子难看，我发誓我再也不用肌肤做实验了，我也会建议艾伦老师不要这样做。或许以后我会用豚鼠做实验。"

艾伦老师笑着说："同学们，不管是用手臂还是豚鼠做实验，感觉都是一样的，动物们也会痛苦。"

艾伦老师接着说："今天的生物课，我把我与德尔吉的研究结果

做一个总结：所有的昆虫，特别是变态末期的昆虫的排泄物，主要的成分是尿酸盐。

"对于鸟和其他的动物研究结果也表明，这种毒素不同程度地在它们的排泄物中存在。

"同学们，我们要做的事，就是对这种物质进行进一步的研究。运用咱们喜爱的化学去做实验。当然，我们需要试剂、仪器、实验室、昂贵的成套设备。现在看起来有点遥远，可是，如果我们现在努力地学习各方面的知识。将来，当这些设备被你们拥有的时候，咱们都有权利和义务去搞研究了。"

教室里静悄悄的，大家似乎都在深思。一阵掌声响起，艾伦老师将双手高举过头，于是，掌声雷鸣般地再次响了起来……